种草养肉牛
实用技术问答

ZHONGCAO YANGROUNIU SHIYONG JISHU WENDA

杨效民　主编

中国科学技术出版社
·北　京·

图书在版编目（CIP）数据

种草养肉牛实用技术问答 / 杨效民主编 . —北京：
中国科学技术出版社，2017.6
ISBN 978-7-5046-7504-0

I. ①种… II. ①杨… III. ①肉牛—饲养管理—问题解答
IV. ① S823.9-44

中国版本图书馆 CIP 数据核字（2017）第 092688 号

策划编辑	乌日娜
责任编辑	乌日娜
装帧设计	中文天地
责任校对	焦　宁
责任印制	徐　飞

出　　版	中国科学技术出版社
发　　行	中国科学技术出版社发行部
地　　址	北京市海淀区中关村南大街16号
邮　　编	100081
发行电话	010-62173865
传　　真	010-62173081
网　　址	http://www.cspbooks.com.cn

开　　本	889mm×1194mm　1/32
字　　数	168千字
印　　张	7
版　　次	2017年6月第1版
印　　次	2017年6月第1次印刷
印　　刷	北京威远印刷有限公司
书　　号	ISBN 978-7-5046-7504-0 / S・638
定　　价	26.00元

本书编委会

主 编

杨效民

副主编

杨德成　李儒红

编著者

杨效民　杨德成　李儒红　张万红

杨旭华　杨　忠　杨继业　张元庆

王　曦　李迎光

$\mathcal{P}_{reface}$ 前言

种草养肉牛是农业供给侧结构性改革的需要，也是现代农业的必然选择。牧草光合效率高，生物产量多，有利于食品供给安全。种草比种谷物形成的产业链条长，种草养肉牛有利于农民增产增收以及推进食品工业、轻工业、工商业和服务业等多行业的发展。在延长农业产业链条、拓宽城乡居民就业渠道等方面社会效益明显。牧草多年生，抗逆性强，固氮、改良土壤、节水耐旱，具有保持水土、防尘固沙等维护生态之功能。在经济步入新常态下，种草养肉牛成为现代农业的主体，"草粮并举""草粮轮作""种草养肉牛"是现代农业的基本特征。

种草养肉牛是农业产业结构的革命性调整。传统农业以种植谷物为主，耕地面积的70%～80%种粮食，而现代农业则要求耕地面积的40%～60%种草，15%左右的耕地种植等同于牧草的饲料谷物。我国正处于传统农业向现代农业的过渡期，对于农民来说，必须主动顺应这一趋势，科学调整种植结构，实现增产增收之目标。

在同等耕地上，种草比种粮可为人类提供更多的生物量和蛋白质量。发达国家奶牛业产值占农业总产值20%～40%，为第一大产业，肉牛业是第二大产业，占农业总产值的20%左右。农业产值的一半是牛业，农户的一半是养牛户。种草养肉牛占据农业主导地位，使其经济收益空前提高。这是发达国家的经验，也是农业现代化进程中的必然规律。

牛肉在肉食品生产中历来占有重要地位，世界上牛肉产量仅次于猪肉，牛肉含蛋白质高、脂肪低，位居肉食品之上等。特别是在经济新常态下，国民收入迅猛增长，人文素质快速提高，崇尚健康、安全、营养的消费意识日益增强，对牛肉产品的消费需求愈来愈大，种草养肉牛市场前景广阔。同时，发展肉牛生产，不仅可以提供大量的优质肉食品，而且是优化农区产业结构以及生态建设的需要，种草养肉牛，一举多得：一是实现粮草的就地转化，增加农民收入；二是促进农业生产的良性循环，草、料的过腹还田，在减少化肥用量，降低农业生产成本的同时，可以大幅度提高土壤的有机质含量，从而增强种植业增产抗灾能力；三是农副产品以及四边杂草的有效利用，有利于减少环境污染，净化农村生态环境；四是创造更多的优质畜产品，繁荣市场供给，丰富城乡"菜篮子"，优化国民膳食结构，强化国民身体素质，推进农民致富进程。

目前我国的种草养肉牛业处于起步阶段，理论知识欠缺，生产经验不足，资源消耗较大，生产水平偏低。为此，编撰《种草养肉牛实用技术回答》，内容涵盖农业供给侧结构性改革与肉牛产业、种草养肉牛与现代农业、养肉牛常用草料及特性、肉牛场建设与牛群组建、肉牛饲养管理、优质牛肉生产、母牛繁殖机制与技术调控以及牛群保健与疾病防治等。力求言简意赅，先进实用，通俗易懂，图文并茂，旨在直观指导生产，规范种养过程。为广大种草养肉牛场（户）以及农民技术员必备，是"三区"农民脱贫致富的首选培训教材，亦可作为农技推广部门、科教工作者参考书籍。

在编著过程中，力求系统全面、科学实用。总结了多年来的养牛生产和技术推广经验，同时广泛参阅和引用了国内外众多学者的有关著作及文献、图片等相关内容，在此一并致谢。

由于时间仓促和水平所限，书中的缺点、不足以及谬误之处在所难免，恳请读者批评指正。

编 著 者

Contents 目 录

一、农业供给侧结构性改革、粮改饲与肉牛产业

1. 什么是供给侧结构性改革？

众所周知，经济有"三驾马车"，即投资、出口、消费。这"三驾马车"可以说是经济的"需求侧"，而与之对应的就是"供给侧"。以前提到经济增长，就是要扩大需求、刺激消费，现在要换一种新思路、新方法，就是供给侧结构性改革。这就好比过去我们致力于提高产品数量、扩大消费群体，实现经济增长，而现在则要努力提高产品品质，以产品质量赢取市场，实现经济的可持续增长。

经济专家提出："推动经济发展，要更加注重提高发展质量和效益，更加注重供给侧结构性改革。在适度扩大总需求的同时，着力加强供给侧结构性改革，着力提高供给体系质量和效率。"其核心在于提高全要素生产率，提高创新能力。

2. 为什么要进行供给侧结构性改革？

随着国民收入迅猛增长，健康营养消费意识日益增强，而市场供给的产品却迎合不了消费者对其品质的需求。例如，日本马桶盖、韩国彩妆、澳大利亚奶粉被海淘族哄抢，而这些产品国内都有，只是品质欠佳。同时，我国产能过剩、楼市库存、债务高企。一味刺激需求会加重产能过剩、经济结构不合理等问题，而供给侧结构性改革，就是要解决以上问题。供给侧结构性改革的四个关键点是：化解过剩产能、帮助企业降低成本、化解房地产库存、防范化解金融风险。供给侧结构性改革就是针对我国现存经济问题"对症下药"，是我国经济改革的新方法。

3. 什么是农业供给侧结构性改革?

农业供给侧结构性改革的核心是通过自身的努力调整,让农民生产出的产品,包括质量和数量,符合消费者的需求,实现生产与消费的无缝对接。

当前,我国农业面临诸多矛盾和难题,如在粮食生产上呈现出生产量、进口量、库存量"三量齐增"的怪现象;农事生产还受农产品价格"天花板"封顶、生产成本"地板"抬升等因素的影响和挑战;国内外农业资源配置扭曲严重,国内过高的粮食生产成本在海外不具备竞争优势,导致增产不增收。供给侧结构改革就是要调整农业结构以提高农产品的品质,进而增强供给的有效性,优化农业资源在市场中的配置,推动农业生产提质增效和可持续发展。

4. 农业供给侧结构性改革的内涵和本质是什么?

供给侧结构性改革的内涵和本质就是以化解产能过剩为契机,自觉推动经济增长方式从低级向高级转变,总的来说要做到"四个转变":一是从资源配置型向资源再生型增长方式转变;二是从外延扩张型向内涵开发型增长方式转变;三是从要素驱动型、投资驱动型增长方式向创新驱动型增长方式转变;四是从资源运营、产品运营、资产运营、资本运营增长方式向知识运营增长方式转变。目标是着力加强农业供给侧结构性改革,提高农业供给体系质量和效率,使农产品供给数量充足、品种和质量契合消费者需要,真正形成结构合理、保障有力的农产品有效供给。

5. 农业供给侧结构性改革改什么?

具体来说,就是去库存、降成本,补短板。去库存,就是加快消化过大的农产品库存量,加快农产品的加工转化;降成本,就是通过发展适度规模经营、减少化肥农药不合理使用、开展社会化服务等途径降低生产成本，提高农业效益和竞争力；补短板，就是强化农业基础设施等建设，改善农业供给的薄弱环节，增加市场紧缺农产品的生产。

（1）**土地制度改革**　作为农业供给侧结构性改革的重要内容，一是农村土地承包经营权权属落实；二是农村集体经营性建设用地改革；三是农村宅基地制度改革；四是土地征收制度改革。深化农村土地制度改革，用以激发广大农民从事农业生产经营的积极性，避免土地掠夺式经营；推动农村土地流转，培育农业新型经营主体，发展农业适度规模经营；保护农民的土地财产权益。使农民能够安心从事农业生产经营或者离开农业、农村；为农民工到城镇就业提供新的资金来源，从而为新型城镇化提供新动力。

（2）**农业结构调整**　农业结构调整是供给侧结构性改革的战略性任务，农业结构调整的基本要点在于促进粮食作物、经济作物和饲草料作物的三元种植结构协调发展，推进多产业融合互动，提高农业发展的质量和效益。结构调整是农业供给侧结构性改革的核心内容。通过结构调整，促进国际、国内两个市场联动，用以减轻国内耕地、水等自然资源的压力，缓解经济发展和环境容量之间的矛盾；促进农业生产由以数量为主转向数量质量并重，更加注重效益，注重市场导向，更好满足消费者需求。结构调整的主体是专业大户、家庭农场、农民合作社和农业企业，包括农业产业化龙头企业，亦即商品农产品供给的主体，也是农业现代化的主体。结构调整的基本特点是充分利用国际、国内两个市场、两种资源，挖掘国际、国内两种资源潜力，促进农业增产、农民增收，促进现代农业发展和"四化"同步。

（3）**确保粮食供给安全**　确保粮食供给，包括粮食最低保护价格的改革以及现有粮食收储制度的改革。近年来，我国粮食领域出现了"三量齐增"的现象，即产量增、进口量增、储存量增，这是由于最低保护价政策和收储政策相互交织而导致的，在某种程度上也是我们没有正确运用这两个政策工具的结果。因此，让粮食价格回归市场和让粮食储备回归市场是这次改革的中心任务。创新国家粮食发展战略，即"以我为主、立足国内、确保产能、适度进口、科技支撑"，中央强调任何时候都不能放松国内粮食生产，严守耕地保护红线，划定永久基本农田，不断提升农业综合生产能力，确保谷物基本自给、口粮绝对安全。这是供给侧结构改革的底线。既要保耕地，又要保产能，保主产区特别是核心产区的粮食生产。

总之，农业供给侧结构改革核心是对粮食产业瘦身、强体，打造具有较强国际竞争力的中国粮食产业，提高生产效率，提高产品质量，提高行业的创新能力，进而提高整个农业的现代化水平。

6. 农业供给侧结构性改革对养殖业有何影响？

养殖业作为农业重要组成部分，农业供给侧结构性改革不可避免地要涉及养殖业。养殖业的供给侧结构性改革也是势在必行，对于养殖业来说，就是要想方设法提高养殖业生产效率，淘汰落后的养殖模式，并从饲料配制、畜禽舍设计、养殖模式、环境改善等方面进行创新，最终为广大消费者提供放心、安全、健康的肉、蛋、奶等产品，以满足人民群众日益增长的对于安全、高品质畜禽产品的需求。养殖业供给侧结构性改革的最终目标是：转变生产模式，提高规模化程度，提高养殖业整体的生产效率和产品质量，增强价格和供给的市场稳定性，使肉、蛋、奶等畜产品的供应、品种及质量更能满足广大消费者的需求。

7. 如何把握畜牧业供给侧结构性改革的重点领域？

需求导向是畜牧业供给侧结构性改革的出发点和落脚点，要紧紧围绕"调结构、提品质、促融合、降成本、去库存、补短板"等关键词，分析研判畜牧业当前瓶颈、未来需求，方能准确把握供给侧结构性改革的重点领域。

（1）供给结构合理调整　调什么、怎么调，这是畜牧业供给侧结构性改革首先要考虑的关键问题。调整畜牧业供给结构要从调整农业结构、畜种结构、区域结构、产加结构入手，科学谋划、合理布局、协同发展。一是调整农业结构。在农业产业结构当中，提高畜牧业产值比重是当务之急。畜牧业产值比重是农业现代化发展水平的重要标志，如美国、法国、日本 2013 年畜牧业产值比重分别为 44.3%、49.1% 和 54.6%，而我国仅为 32.3%，畜牧业发展空间巨大。二是调整畜种结构。从畜种结构看，我国生猪、蛋鸡等耗粮性畜种比重较大，而牛、羊、兔等草食畜种比重较小；从畜禽品系看，生产性能一般的品系较多，特色的、优质的、高产的品系较少。2013 年美国、法国、日本猪肉产量占肉类总产量的比重分别为 24.7%、38.2% 和 40.0%，而我国生猪比重高达 63.1%，畜禽养殖结构亟待优化。三是调整区域结构。按照环境容量、农牧结合、产销顺畅、循环发展的要求，统筹调整区域养殖布局。目前，我国个别地区饲养量明显超过合理载畜量，应采取调减措施，引导畜禽养殖向非超载区转移。四是调整产加结构。畜牧业是农业产业之中最容易延伸产业链、打造供应链、拓展价值链的典型行业。目前，我国畜禽产品加工明显不足，亟需推动种养加一体化发展，提高畜禽产品加工比例。

（2）畜产品迈向中高端　随着我国进入中等收入发展阶段，消费迫切需要中高端产品。畜产品的"中高端"引领畜牧业供给侧结构性改革的方向，要从养殖品种源头抓起，转变生产方式，提高加工档次，培植品牌产品。

①提升良种覆盖率　要统筹兼顾引种、保种和品种培育工作。在引种上，要考虑我国自然气候条件、资源禀赋状况与引进品种生产性能的契合度，提高产品产量。在保种上，要考虑地方优良品种的特色优势，保障生物多样性，储备遗传物质，也要考虑地方品种的合理开发利用，形成产业化。在品种培育上，要考虑新品种的生产能力、适应能力、风味口感等因素，提高产品特色。

②转变养殖方式　良种的"良"要通过特定的生产方式来实现，而目前我国畜禽规模养殖水平仅为 54%。在从传统畜牧业向现

代畜牧业转型的过程中，迫切需要从粗放饲养向集约饲养转变，从劳动密集型向资金密集型转变，从单纯注重产量向产量质量并重转变，从粪尿污染严重向绿色循环发展转变。

③**提高加工流通水平**　高品位的畜产品是"养"出来的，也是"加＋运"出来的。在加工工艺上，产品要不断细分，强化标准意识，向精深方向发展，提高整体加工档次；在流通贮存上，向全程冷链发展，保障产品新鲜程度。

④**培育知名品牌**　在大力推动"三品一标"产品认证的基础上，要进一步提升品牌意识，大力培植畜牧业名牌产品，实施品牌战略，扩大品牌效应，提高品牌市场占有率。

（3）**畜禽产品质量安全**　确保畜产品质量安全，是畜牧业供给侧结构性改革的底线和红线。我国2015年畜产品例行监测合格率达到99.4%，但往往"小概率大事件"，严重威胁城乡居民身体健康。一是有效防控动物疫病的发生、传播和蔓延。制定应急方案，切断传播途径，防止疫病传播。二是坚决防范药物残留。杜绝使用违禁兽药、疫苗、饲料添加剂等药物，严格执行休药期规定，降低畜产品药物残留风险。三是严格防止二次污染。畜产品在生产、加工、流通过程中，极易滋生致病的病毒、细菌、微生物，以及形成保鲜剂、防腐剂的药物残留，必须全面防范。四是全面强化质量监管。针对畜牧生产、疫病防控、饲料兽药、屠宰加工、检疫监督等领域，要建立全过程、全环节、全要素的质量安全监管体系，不断强化饲养档案、强制免疫、官方兽医、职业兽医、定点屠宰等制度建设，全面履行《中华人民共和国防疫法》《中华人民共和国畜牧法》等法律法规所赋予的监管职能。

（4）**饲草饲料科学利用**　饲草饲料是发展草食畜牧业的基础和保障。科学合理地开发利用饲草饲料资源，稳定生猪家禽生产，加快发展牛羊兔等草食家畜，是调整畜牧业供给侧畜种结构的重要内容。一是积极扩大饲草饲料种植生产。牢固树立"大农业、大食物"观念，借助玉米去库存的客观要求，以"粮改饲"为突破口，扩大青贮玉米、优质牧草种植面积，满足节粮型、食草型畜禽发展，合理配比"粮经饲"三元种植结构，提高土地产出效率。二是合理利用草山草坡。我国草山草坡面积广阔、资源丰富，但随着农村人口减少，出现了大量弃耕、荒芜、闲置、浪费现象。拓展种草养畜，潜力巨大。三是充分利用秸秆资源。秸秆过腹还田要比直接还田大大提高资源利用率，也能够避免秸秆焚烧所引起的各种问题。我国每年各类秸秆产生量约8亿吨，而饲料化利用的比例不到30%，大部分秸秆未能得到充分利用。

（5）畜禽粪污综合治理　畜禽粪污是农业面源污染最大的来源，畜禽粪污的化学需氧量（COD）占到农业面源污染中全部COD含量的90%以上。要按照"3R"原则（排放减量化、资源化再利用和再循环），加快畜禽粪污综合治理与利用。首先，减少畜禽粪污直接排放量，即排放减量化（Reduce）。据测算，1头猪产生的生化需氧量（BOD）相当于13个人的产生量。对于新建养殖场，要按照清洁生产的要求，做好规划设计，统筹安排节电节水、粪污清理、资源化利用等各环节，减少粪尿对环境的直接排放，从源头上控制畜禽污染排放量；对于原有养殖场，要加强基础设施改造，减少畜禽养殖对环境的危害。其次，物质再循环，即资源化再利用（Reuse）和再循环（Recycle）。我国每年畜禽粪便产生量约38亿吨，综合利用率只有50%左右。从构建"植物生产→动物转化→微生物还原"的循环生态系统角度出发，要按照立体化、循环化、无害化的要求，促进畜禽粪便转化为优质肥料和清洁能源，推广高效的种养结合生态发展模式，探索建立"畜禽粪便—沼气工程—燃料—农户""畜禽粪便—沼气工程—沼渣、沼液—果（菜）""畜禽粪便—有机肥—果（菜）"等生态循环农业模式，提高畜禽养殖废弃物综合利用率。

（6）畜禽产品节本增效　"降成本"始终是畜牧业供给侧结构性改革的重中之重，是应对"天花板""地板"双重效应的有效措施，是促进畜产品消费和提升畜产品国际竞争力的重要路径。一是降低生产成本，积极发展适度规模养殖，提高设施化、机械化水平，实现畜禽养殖的规模经济，提升劳动生产率；在"粮改饲"的大背景下，加快发展草食畜牧业，做到"宜草则草、宜饲则饲、宜牧则牧、宜粮则粮"，实现地尽其力、物尽其用，提升土地产出率。二是提高产品附加值。以产品迈向中高端为目标，瞄准国内外市场高端需求，积极开发适销对路、附加值高的精深加工产品，培植名牌产品，增加产品价值，提高产品收益。建立健全畜产品等级标准体系，提高产品区分度，实现优质优价。三是提升畜牧科技含量。目前，我国畜牧业科技贡献率仅为 50% 左右，技术水平与国外相比明显偏低。要实施科技带动战略，增加投入产出效益，提升科技贡献率，实现增产增效、节本增效、提质增效。

8. 如何借供给侧结构性改革之力，推动养殖产业转型升级？

在步入"新常态"之后，"供给侧结构性改革"必将长期影响着国家宏观政策、指导思想与微观经济的发展路径。"新常态"是中国经济从量变到质变长期积累、发展演化的必然结果。养殖业作为历来最容易被政策驱动、市场影响的传统行业，面临的挑战更大，其转型升级迫在眉睫。随着我国经济进入新常态，畜产品供求关系转变，养殖业产能过剩、生产效率低下、低品质同质化竞争，成为产业发展的瓶颈问题，也是供给侧结构性改革的核心任务。随着对外开放力度不断加大，受规模进口挤压，我国畜产品在质量和价格上都将逐渐失去优势，进而由于供给上竞争力不强，市场上话语权缺失，价格下挫，盈利困难的状况愈发突出。要彻底解决这一难题，必须转变思路，依托供给侧结构性改革，推进养殖产业转型升级。

供给侧结构性改革，一是调整经济结构，淘汰落后的过剩产能，将发展方向锁定新兴领域，创造新的经济增长点；二是提高经济效益，提升产品质量，使生产、供给适应消费者对优质产品日益增长的需求。而要达到这些目的，就要提升全要素效率，从土地、劳动力、资本、创新四大要素改革入手，调整产业结构，使要素实现最优配置，提升经济增长的质量和数量。

民以食为安，食以安为先。供给侧结构性改革，迎合当前国内外畜产品供给形势的变化及国民生活水平提高带来的食物消费结构的升级。"去库存、补短板、降成本"，既是解决眼前困难，也是长远发展的必由之路。养殖业生产只有立足现实，着眼长远，调整发展思路，转变发展方式，以供给侧结构性改革为动力，通过创新驱动，提高产品质量，强化市场竞争，推进养殖结构与市场需求的无缝连接，满足国民日益增长的消费需求，从源头增强盈利能力和抗风险能力，使产业真正强壮起来。

肉牛业是现代畜牧业转型升级新的增长点，是推进畜牧业供给侧结构性改革的重要突破口。当前和今后一个时期，肉牛业必将成为我国畜牧业调结构、转方式、促增长的主攻产业。

9. 肉牛产业在畜禽生产结构调整中有何优势？

（1）发展肉牛产业，有利于调整优化畜禽品种结构　我国的肉牛产业相对滞后于其他畜禽，据统计，牛肉在肉类结构中仅占11%。未来粮食安全问题的核心是饲料粮，猪禽作为食粮型动物，全国每年猪禽消耗转化粮食约3亿吨，数量巨大；而牛羊是草食动物，主要饲料是作物秸秆和牧草。从保障国家粮食安全和推进农业可持续发展来说，大力发展牛羊等草食型家畜，把资源优势转化为经济优势，走"节粮型"畜牧业发展之路，是推动现代生态畜牧业发展的必然选择。

（2）发展肉牛产业，有利于调整优化畜禽空间布局　依托畜牧产业优势和地域特色，加快产业结构和布局调整，探索一条"农牧结合、生态循环、可持续发展"的现代畜牧业发展之路，突出发展肉牛产业。组织落实好国家肉牛基础母牛扩群增量、积极培育母牛养殖和优质饲草种植基地，夯实产业发展基础。引导大型肉牛龙头企业建立母牛生产繁育基地，鼓励企业在国内外建设生产加工基地，支持龙头企业进口牛肉初级产品进行深加工，抢占国内中高端市场，提高牛肉加工企业产能利用率。

（3）发展肉牛产业，有利于提高农业综合效益　发展以牛羊为主的草食畜牧业，不仅是充分利用我国丰富的农作物秸秆资源和其他农副产品，减少资源浪费和环境污染的现实选择，而且是实现生态环境保护、牧业生产发展、农民生活改善的有效途径。我国农作物秸秆年产量为 7 亿吨左右，列世界之首。农作物秸秆是一种宝贵的可再生资源，但是长期以来由于受消费观念和生活方式的影响，我国农村秸秆资源完全处于高消耗、高污染、低产出的状况，相当多的一部分农作物秸秆被弃置或者进行焚烧，没有得到合理开发利用。综合利用农作物秸秆资源对于节约资源、保护环境、增加农民收入、促进农业的可持续发展都具有重要的现实意义。

10. 肉牛业在推动循环发展中有何优势？

（1）促进种养结合，提升产业素质　发展草食畜牧业是优化农业结构的重要着力点，既有利于促进粮经饲三元种植结构协调发展，形成粮草兼顾、农牧结合、循环发展的新型种养结构，又能解决地力持续下降和草食畜禽养殖饲草料资源不足的问题，促进种植业和养殖业有效配套衔接，延长产业链，提升产业素质，提高综合效益。"粮改饲"的试点示范和推广，为推进农业供给侧结构性改革、引导农民合理调整种养结构指明了方向。扩大青贮玉米等饲草料作物种植面积，优化种植业结构，扩大牛羊养殖规模，必将示范引领我国种养业"以养定种、种养平衡"，实现养殖业与种植业的有效对接。

（2）促进秸秆转化利用，扩充养殖资源　秸秆是重要的生物资源，更是宝贵的饲料资源，"用则利，弃则害"。我国年产可饲用秸秆近 6 亿吨，秸秆资源的饲料化利用潜力巨大。积极引导企业和农户充分利用浅山丘陵区饲草土地优势，发展基础母畜养殖，形成"浅山丘陵区母畜繁育，平原农区肉牛育肥"和"户繁企育"的新型产业结构。引导平原农区中小型养殖场发展青贮玉米和优质饲草种植，建立完善"自繁自育"养殖模式；大力推广秸草搭配、青贮饲料生产与利用、全混合日粮、肉牛配合饲料等技术，不断提高科学养殖水平，提高秸秆利用率。

（3）促进粪污利用，延长循环链条　农牧结合催生出的生态循环发展模式，不仅能实现畜牧污染零排放，而且还拉长了生产链条，实现养殖户、种植户合作共赢。近年来，我国大力培育肉牛产业化集群，遵循"植物生产—动物转化—微生物还原"的资源循环利用链条，逐步构建农牧业结合、种养加一体、一二三产业融合的现代农业产业体系和经营体系。示范推广了种养结合生态循环农业。养殖场的粪污，遵循"减量化排放、无害化处理、资源化利用"的总要求，大力推广"就地消纳、就地利用""区域配套、循环共生""生态放养、自然利用"和"分散收集、集中处理、商业化运作"等循环利用发展模式，有效推进生态畜牧业发展。

11. 肉牛产业在满足消费需求中有何优势？

（1）在满足市场需求上，牛肉消费潜力巨大　世界肉牛产业发达的美国、澳大利亚等国牛肉在居民食物中占30%以上。我国居民的肉类消费中牛肉仅占10%。2015年我国牛肉产量为700万吨，居世界第三位，但是年人均牛肉消费量只有5.19千克，低于世界人均8千克的水平，低于日本、韩国10多千克的人均水平，更低于欧盟国家20～30千克的人均水平，远远低于美国、加拿大等国40～60千克的人均水平。随着经济快速发展和生活水平的不断提高，越来越多的消费者倾向于选择牛肉，牛肉在肉类消费中所占的比重逐渐增加，肉牛产业发展空间巨大。

（2）在改变膳食结构上，牛肉为肉品中之上品　牛肉营养丰富，牛肉蛋白质含量高（20%以上），脂肪含量低（10%以下），富含人体所需的18种氨基酸，氨基酸组成比猪肉更接近人体需要，且能提高机体抗病能力。特别是牛肉中甘氨酸（每100克含1克多）

的代谢产物肌氨酸含量比任何其他食品都高，对增长肌肉、增强体力功效突出。牛肉副产品营养丰富。除了牛肉以外，牛血、牛肝等副产品也用途广泛。牛血经过加工后可以提取蛋白粉，对蛋白粉进行深加工还可提取血红素和超氧化物歧化酶（SOD）。牛骨可用于制作保健食品，如壮骨粉、骨胶等产品。牛肝脏中还可提取肝浸膏、水解肝素和肝宁注射液等。

（3）在促进消费升级上，高档牛肉成为消费时尚　　目前，人们对牛肉品质提出了更高的要求，逐渐追求最高的营养价值、观赏价值、赏味价值甚至是功能性食品价值，高档牛肉已成为消费时尚。为满足消费者的需求，我国积极发展地方特色优势牛肉产品，实施差异化发展战略，加大市场开拓力度。实施高档牛肉生产开发，鼓励企业紧跟消费趋势，创新产品发展，围绕"清、鲜、专、全"四大特色，生产包括冰鲜、冷冻分割牛肉、调理牛排、火锅料理、方便菜、休闲食品等系列中高端牛肉产品。研发肉牛副产品综合利用，积极拓展产业发展链条，推动毛皮骨血等牛副产品综合利用，业已初见成效。

12. 肉牛业在挖掘和应用科技方面有何优势？

（1）品种改良与良种繁育科学化　　从良种繁育上看，肉牛与其他畜种相比，良种化程度低，育种技术相对落后，单产水平低。要想从根本上解决我国牛肉单产低、质量差问题，就必须重视良种选育，加快良种肉牛选育速度。唯有良种、良法，再加上规模化饲养，才能促进肉牛产业化的健康发展。多年来，我国在重点保护、开发和利用地方良种资源的同时，引入大量国外优秀肉牛品种，进行改良繁育。诸如安格斯牛、海福特牛、皮埃蒙特牛、夏洛来牛、利木赞牛、西门塔尔牛等。同时加快了新品种培育步伐，成功培育了中国西门塔尔牛、科尔沁牛、夏南牛、蜀宣花牛等新品种，明显提升了我国肉牛产业全面走向国际肉牛市场与参与国际竞争的能力。

（2）草料加工与日粮配制规范化　　近年来，我国从国家到地方成立了肉牛产业技术体系，整合国家和地方大专院校和科研院所肉牛产业技术力量，以安全高效养殖、饲料营养、饲草料种植等核心技术为重点，在肉牛不同生理阶段日粮配方、饲喂技术、饲料添加剂使用、饲草加工调制、常用粗饲料饲喂模式等方面，加强联合攻关，研发肉牛专用饲料，降低饲喂成本，提高饲料转化效率，不断提高了肉牛产业的科技含量。

（3）肉牛生产与产品经营现代化　大力发展标准化规模养殖，改善养殖设施与设备，扩大肉牛标准化规模养殖项目实施范围，支持适度规模养殖场改造升级，逐步推进标准化规模养殖。提升养殖管理技术水平，研发肉牛舍饲半舍饲养殖先进适用技术和工艺，加强配套集成，形成区域主导技术模式，推动肉牛由散养向适度规模养殖转变。制定完善标准化养殖技术标准和规范，推广成本低、效益高的适度规模养殖模式，提高标准化养殖水平。鼓励和支持企业并购、自建养殖场，养殖企业自建加工生产线和品牌专卖店等，增强肉牛企业和牛肉产品的市场竞争力和抗风险能力。鼓励互联网企业建立肉牛产业服务平台，推动"互联网"与肉牛养殖加工企业深度融合，加强产加销对接；鼓励电商等新型业态与牛肉产品实体流通相结合，构建多元化的牛肉产品流通网络。

13. 肉牛产业在助推精准扶贫方面有何优势？

（1）贫困地区多为肉牛产业优势产区　贫困地区多处于边远地区、丘陵山区，江河湖泊滩涂地区等，其共同特点是地广人稀，土地承载能力强，具有土地潜力大、人口密度低、防疫条件好、环境承载能力大等特点，发展肉牛业区位优势明显，肉牛业也是当地的传统产业、优势产业和支柱产业。贫困县区饲草饲料资源丰富，既有大量的农作物秸秆，又有较大面积的丘陵、山坡或滩涂天然草地。近年来又大多兴建了饲草种植基地。贫困地区大部分是荒山、草坡和林地，饲草基础条件好，适合放牧饲养和林下养殖，饲养成本低，养殖效益好，有利于农民脱贫致富。

（2）贫困地区农民养牛经验丰富　近年来，在贫困县区示范建立了"自繁自育"家庭养殖模式和"户繁企育"集中育肥模式。经济实用，效益明显。目前，正在探索肉牛产业化龙头企业通过"公司＋合作社"和"公司＋贫困户"的帮扶模式，建立企业和贫困户利益联结机制，采取订单生产、合同养殖、品牌运营、统一销售等方式延伸产业链条，实现生产与市场的有效对接，推进全产业链发展，带动农户发展养牛业，贫困户分享全产业链增值收益，使贫困县区肉牛产业由资源优势向经济优势转变。

（3）贫困地区发展肉牛产业政策环境优越　党和人民政府历来高度重视畜牧业在脱贫攻坚中的重要作用。近年来，制定和实施了国家肉牛基础母牛扩群增量、振兴奶业苜蓿发展行动、畜禽标准化养殖示范创建、肉牛良种补贴等一系列推进肉牛产业发展的优惠政策。大多贫困地区正在依靠政策积极培育母牛养殖基地和优质饲草种植基地，不断夯实产业发展基础，助力贫困户如期脱贫。随着扶贫资金投入的加大，将为依托肉牛养殖精准扶贫增添更大动力。

14. 肉牛业供给侧结构性改革，急需解决的问题有哪些？

纵观我国畜牧业发展历史和当前形势，转型升级任务迫在眉睫，亟需下大力气破解以下 4 个方面问题。

第一，肉牛业生产结构不适应消费需求变化，迫切需要进行供给侧结构性改革。部分畜产品出现结构性相对过剩，一般性同质化产品量大价低，高品质产品供给短缺，无法满足消费需求。畜牧业生产同样存在产能结构性失衡问题，如肉牛高品质冻精不足而低质低价冻精积压。

第二，牛产品国内外价差逐步拉大，迫切需要提升竞争力。随着国内外市场融合度进一步提高，低价进口产品对国内畜牧业的冲击日渐加剧。国内畜牧业生产规模效应欠缺、标准化水平滞后、单位畜产品生产效率低的痼疾仍未根本解决，导致畜产品生产成本偏高，质量安全风险隐患时有发生，产品缺乏竞争力，使国内产业发展空间受到挤压。

第三，产业链尚不健全、各环节的无缝连接尚未形成，迫切需要深化一二三产业融合。我国畜牧业生产组织化程度偏低，产业波动频繁，养殖户利益保障程度低。产业链不完整，同生共赢的利益联结机制尚不健全，各环节的利益分配尚欠合理；中间环节多，交易成本层层累加，使得养殖环节获益明显偏低，上游生产积极性受挫。

第四，资源环境约束趋紧，迫切需要推进绿色发展。随着畜牧业生产经营规模化和集约化程度不断提高，养殖废弃物排放与区域性环境承载力不能匹配，养殖业对土壤和水环境的不利影响日趋显现。很多地区仍然存在"重生产、轻环保"的粗放型经营方式，尚未适应建设生态文明的要求和绿色发展的理念。可以说，资源环境约束已成为畜牧业发展面临的最大短板。

15. 如何调结构、降成本、补短板，促进肉牛产业转型升级？

肉牛业生产要牢固树立创新、协调、绿色、开放、共享的发展理念，统筹保供给、保安全、保生态，着力提高劳动生产率、资源转化率和牛业生产力，不断增强综合生产能力、市场竞争能力和可持续发展能力。重点要聚焦供给侧结构性改革这个着力点和突破口，紧紧围绕市场需求发展生产，立足"调结构、降成本、补短板"，优化资源配置，提升发展效率，增强供给结构的适应性和灵活性，扎实推进牛业转型升级等现代化发展。

（1）产能结构适应性调整　适应市场需求，着力推进肉牛业内部产能结构优化调整，是牛业生产供给侧结构性改革的当务之急。要继续开展优秀种公牛选育，优质冷冻精液的生产和应用，加快牛群品种改良；大力推进肉牛标准化规模养殖，着力加强肉牛生产过程的质量安全监管。在稳定现有产能基础上，大力推进标准化规模养殖和组织化、一体化发展，引导中小规模养殖场户加快转型，完善产业健康理性发展机制；强化政策引导和行业自律，充分发挥市场配置资源的作用，加快培育肉牛适度规模养殖和一体化经营主体，推行农牧结合创新发展模式，激发各类市场主体发展活力，合理规划农区牧区产能配置，努力推进基础母畜扩群增量，大力改善养殖基础设施条件。

（2）提升养殖效率，降低生产成本　强化科技支撑和装备改善，通过提升肉牛生产性能和改善资源转化效率，大幅度降低养殖成本，是肉牛产业供给侧结构性改革的核心内容。强化种业建设，全面实施牛群遗传改良计划，推进肉牛联合育种和遗传评估，组建育种联盟，引导优秀遗传资源交换共享，自主选育优良肉牛品种，确保良种种源供给，大幅度提高肉牛生产性能。构建种养结合的新型农牧业关系，以发展肉牛生产和玉米种植结构调整为抓手，推进肉牛优势产区粮改饲试点建设，实施振兴草业发展行动，积极推进秸秆饲料化利用，建设现代饲草料产业体系，促进种养业效益"双提升"。强化肉牛产业的机械化水平，以圈舍环境精准控制、健康养殖工艺、信息化管理、物联网等为重点，推广标准化智能化的养殖设施设备；着力推进配合日粮应用，引导饲料厂和养殖场的"厂场对接"，减少产业环节，降低饲料损耗和养殖成本，促进肉牛产业节本、提质和增效。

（3）优化产业布局，补齐环保短板　统筹产业发展与污染减排，实施"调布局、转方式、树样板、抓两减"策略，是肉牛业供给侧结构性改革的首要任务。以布局调整优化为重点，推进禁养区科学划定，支持规模养殖场改造升级，继续开展肉牛养殖标准化示范场创建，促进肉牛养殖与环境保护协调发展。实施粪污综合治理与资源化利用。创新机制，分类指导，严格监督管理，引导社会资本参与粪污处理等公益性事业投资和运营。

（4）转变政府职能，促进产业转型　完善和规范法律法规制度建设，让行业发展有章可循。建立完善适应市场机制的扶持政策体系，全面实施肉牛业政策性保险制度，形成畜牧业健康发展的长效保护机制。实施有效的质量安全监督管理，加强检验检测能力条件建设，提升质量安全监管能力，促进行业规范有序发展。强化宏观调控与服务支撑，建立健全肉牛业信息化监测预警服务体系，加快发展主体多元化、服务专业化、运行市场化的畜牧业生产性服务组织，促进行业科学协调发展。

16. 肉牛业供给侧结构性改革改什么，怎么改？

（1）产业转型升级 提高肉牛业供给体系质量和效率，使牛产品供给数量充足、品种和质量迎合消费者需要，真正形成结构合理、保障有力的牛产品有效供给。亦即调整发展思路，解决肉牛产业供给侧结构性失衡的问题。牢固树立围绕需求、消费进行生产和调整的观念，充分发挥市场作用，让畜牧业生产者真正成为市场经营主体，使养殖结构与市场需求匹配。畜牧业转型升级的关键是规模养殖场的转型升级。规模养殖场设施设备落后，标准化程度低，生产效率不高，污染较严重，市场竞争力不强是供给侧结构性改革的重点。

以"调结构，转方式"为主线，进一步优化畜牧业结构，促进肉牛业提质增效和转型升级。创建粮经饲兼顾的新型农牧业结构。打造一批标准化肉牛生产基地，扩大无公害牛产品生产规模，提高绿色、有机牛产品供给能力。

（2）多产业、多环节融合发展 肉牛产业供给侧结构性改革，既具有供给侧结构性改革的一般特点和要求，又有自己的特殊性和改革重点。发展现代肉牛业的重中之重是要补短板，着力推动一二三产业融合发展。

建全产业链条，实现各环节间的无缝连接，相互融合。我国肉牛养殖与畜产品加工的产值比例，远低于发达地区或发达国家水平，这就是肉牛产业的短板。要补齐这个短板，出路就是大幅提高畜产品加工业产值比重，逐步改变卖架子牛、卖原料、处在价值链底端的局面。因而必须加强规划引导，推动现有屠宰加工、肉制品加工企业达产运营。同时，大力发展精深加工，鼓励和引导大型加工企业通过产销协作，与养殖场户、养殖合作社建立稳定的原料供应基地，促进加工业与养殖业融合发展。

推进饲料工业与养殖生产的融合，在致力推进饲料工业集群发展壮大的同时，大力支持饲料企业延长产业链，兴办养殖企业，促进饲料工业与养殖业融合发展。进一步完善牛产品专业批发市场，大力发展电子商务、连锁直销、农超（校、社）对接、展示展销、期货等现代营销方式，推进实体虚拟、线上线下牛产品销售新业态发展，带动养殖业生产。培育品牌促融合，打造知名品牌，提高牛业综合竞争力。

17. 什么是"粮改饲"，为什么要"粮改饲"?

"粮改饲"是贯彻执行国家农业供给侧结构性改革的具体措施，是在传统的农业生产方式、落后的农耕文化以及不合理的产业结构等方面展开的一场伟大变革，是实现农业现代化的必由之路。"粮改饲"概念的重要内涵是将现有的种植业粮、经二元结构提升为"粮-经-饲"三元结构，使土地资源在农牧业间进行合理配置。"粮改饲"将有效提高土地生产效率，推进农牧业融合发展。

广义的"粮改饲"，即立足种养结合循环发展，引导种植优质饲草料，发展草食畜牧业，推进和优化农业生产结构。现阶段的"粮改饲"主要是指调整玉米种植结构，大规模发展适应于肉牛、肉羊、奶牛等草食畜牧业需求的青贮玉米种植生产。

农业方式怎么转，种养结构怎么调，最基本的就是优化结构，因地制宜，提升品质，增加效益，就是要确保农民的种植收益。通过"粮改饲"发展全株玉米青贮，可以提高优势产区的种粮效益，能够改土增粮，藏粮于地。在我国目前按平均水平测算，种普通玉米每 667 米^2 收获 400 千克籽粒和 440 千克秸秆，总收入不足 1 000元。而种专用青贮玉米如按 667 米^2（亩）产 3 500～4 000 千克计算，总收入 1 200～1 500 元。由于全株青贮玉米收割时省去了脱粒、晾晒、处理秸秆等环节和工序，能够有效缓解玉米收获晾晒期受气象条件（阴雨）的影响和劳动力自投入等问题，特别是"粮改饲"还可以带动秸秆循环利用和转化增值，减少焚烧造成的环境污染，可以说是经济效益与社会生态效益共赢。

我国粮食生产实现了"十一连增"，玉米做出了突出贡献。从面积上看，近几年我国粮食播种面积增加了1 326.7万公顷（1.99亿亩），其中玉米增加了1 299.9万公顷（1.95亿亩），占98%。从产量上看，粮食总产量增加了17 640万吨（1 764亿千克），其中玉米增产9 985万吨（998.5亿千克），占增量的57%。由于国内外粮食价格倒挂，价格上失去竞争力，政策性粮食销售困难，粮食仓储库存不断增多，政策性收储压力越来越大。通过以种植全株青贮玉米为抓手进行"粮改饲"的示范，改变了玉米的利用方式，改籽粒收储利用为全株青贮利用，从玉米跨区域销售转向就地青贮利用，保障了种粮农民的收入，也保护了种粮的积极性。试点结果表明，加快推广全株青贮玉米种植和青贮加工利用，已具备良好条件和广阔前景，是提高土地产出、带动农民增收的有效手段。

18. 如何进行"粮改饲"？

"粮改饲"的前提是一定要种养结合，以养定种，为养而种，以养改种，养为主体，确保改种生产出来的青贮玉米等饲草料有人收、有牛羊吃，实现就近转化增值。同时，草食家畜养殖场粪便经过处理后，就近消纳利用，既可以培肥地力，又可以减轻环境压力。

"粮改饲"是新常态下的经济突破点，是破解我国粮食安全的有效途径，是缓解农民就业压力的重要手段，具有重要的战略意义。当前实施"粮改饲"的政策机遇、区位优势和工作基础明显，但也同样存在着人们传统观念束缚，机械设备相对落后的挑战。一要坚持原则，循序推进。确保农民收入不降低，把"粮改饲"变为农民的自愿行为，逐步扩大实施规模。二要明确主体，规模经营。实行科学化管理、机械化作业、规模化生产。三要以畜定饲，种养结合。实现饲草料与草食畜无缝对接，做到种饲草料有草食畜饲养需求，养草食畜有饲草料生产供给保障。四要试点先行，资金扶持。要在试点试验的基础上总结经验，规划发展思路，依靠国家扶持资金驱动发展。五要生态优先，协调发展。开展"粮改饲"要与建设生态文明有机结合，努力找到"粮草兼顾、生态优先、草畜协调发展"的最佳模式，维护生态系统良性循环。

19. "粮改饲"试点示范效果如何？

"粮改饲"，对于农业种植业来说，有利于玉米去库存；对于畜牧业来说，"粮改饲"补上了草食畜牧业这一短板。根据畜牧业的需要种植作物，体现农牧有机结合。近年来国家农业部在全国各地开展试点，以全株青贮玉米为重点，推进草畜配套，进行试点示范。结果产值与效益超出预期目标将近1倍，实现了种养双赢的良好效果。国家"粮改饲"试点示范结果表明，"粮改饲"实现了种养双丰收；首先保障了玉米种植收益，种植青贮玉米在种植谷物玉米的基础上，平均每亩增收335元；在肉牛养殖中，应用青贮玉米不仅使肉牛生产水平提高10%左右，同时，生产1吨牛肉节约饲料成本1 000多元。而且，饲养周期明显缩短，牛肉的嫩度等品质指标也有明显改善，在优质优价的市场经济中效益显著提高。同时，"粮改饲"促进了种养结合，实现了以养带种、以种促养，种养一体化发展。粪肥还田，改善土壤、培肥地力等生态循环效益显著。

20. 依托"粮改饲"，增产增收案例

国家"三区"人才技术服务项目实施后，山西省选派"三区"技术服务专家进驻太行类群牛养殖基地晋中市和顺县，通过深入的调查研究，在肉牛养殖龙头企业德牧农业开发有限公司肉牛养殖场驻扎地横岭镇展开了"粮改饲"、种草养肉牛技术推广工作。通过技术培训、试点示范，同时采取订单农业生产等技术手段，使农民更新了传统的多种作物种植、粮食自种自足的耕作意识，有效推进

了专业化种植和规模化生产进程，同时也满足了规模养殖场及家庭牧场的饲草供给，实现了种养双增收。具体案例如下。

（1）规模场增收　德牧农业开发有限公司肉牛养殖场，位于山西晋中和顺县横岭镇，常年饲养存栏牛400多头。当地虽具有广阔的草山草坡，但地处太行山之巅，冬长夏短，年均宜牧期多为5个月左右，放牧期短，舍饲期长，年需贮备青贮饲料3 000多吨，折合风干饲草1 000多吨。项目实施前，由于饲草贮备不足，不得不采用秸秆替代，而秸秆收贮体积大，同时由于风吹日晒、雨淋雪打，变质严重，即使不变质，也营养损失殆尽，造成精饲料用量大，饲养成本增加。同时牛群健康状况受到影响，导致屡配不孕，成母牛繁殖产犊率不足50%，同时死胎死产时有发生，生产经营难以为继。导致存栏牛数量起伏不定，项目实施前（2012）存栏不足300头，设施严重空置，濒临倒闭。项目实施后，采用订单农业生产，与当地种植农户签订饲草种植生产合同，种植户改种子实玉米为饲草玉米，公司以鲜草300元/吨收购，保证了优质饲草料的计划供给。有效降低的牛群的饲养成本，同时也显著改善了牛群的健康，配种受胎率显著提高，成母牛的繁殖产犊率已经提升到65%，且有望继续提升，经济效益显著上升，牛群已恢复到400头以上。

（2）农民增产增收　横岭镇调畅村郭鑫鸿（化名），45岁，是当地小有名气的种植能手。一家五口，父母年迈，夫妻二人耕种土地2公顷（30亩），其中滩涂地1.33公顷（20亩），坡地1.33公顷（20亩）。长期以来，以耕种土地为生，没有其他经济来源。"粮改饲"前，滩涂地种植子实玉米，山坡地种植杂粮，多年来糊口有余，而收入无几。调研资料表明，滩涂地种植籽粒玉米，正常年景平均亩产玉米500千克（高于当地平均水平30～50千克），按目前市价1.6元/千克计算，每667米²亩收入800元，秸秆利用收入平均150元/667米²，每667米²总收入950元。坡地种植杂粮，每667米²收入500元左右，累计年毛收入24 000元，去除农机、种子、化肥后纯收入不足20 000元；而"粮改饲"后，推行专业化生产，耕地全部种植饲草玉米，滩涂地平均每667米²产青贮饲草高达4000千克，以0.3元交于德牧公司，每667米²收入1200元，1.33公顷（20亩）地总收入24000元。山坡地每667米²产青贮饲草2500千克，收入750元，0.67公顷（10亩）地合计7500元。累计年种植收入31500元。以毛收入计算，年增产增收7500元，收益提升31.25%；同时，种植子实玉米生产周期长，受霜期影响明显，而青贮玉米生产周期相对较短，不受霜期影响，特别是种植子实玉米，需要收穗、脱粒、晾晒环节较多，受气候影响较大，需要壮劳力留守；而"粮改饲"后，既提早了收获期，又减免了脱粒、凉晒等后顾之忧。正常情况下，年可增加外出务工1个月，增收3000~5000元。综合分析，通过"粮改饲"实现了年增产增收累计10000多元。从而也使郭鑫鸿由种田能手一跃成为山村脱贫致富带头人。

二、种草养肉牛与现代农业

1. 为什么要提倡种草养肉牛?

种草养肉牛是农业生产与时俱进的基本特征,是农业供给侧结构性改革的基本要求和核心内容,是现代农业产业化发展的必然选择。牧草作物光合效率高,生物产量多,经济效益好。

牧草生物产量高,可以替代饲料粮饲养家畜而缓解粮食压力。

种草形成的产业链比种谷物长,可以促使农民增产增收以及推动食品工业、轻工业和服务业的发展。

种草的生态效益好:牧草作物适应性强;具有固氮,改良土壤、节水耐旱,维护生态、保持水土,防止流失等功能。饲料谷物与牧草有着同样优势。种草和饲料谷物,推进养牛业生产,成为现代农业发展的主体。

我国养牛,由于缺少高蛋白草和饲料谷物,奶牛及育肥牛日粮中不得不加入粮食,形成了"精饲料"和"粗饲料"搭配的饲喂方式。而单位面积种植牧草和饲料谷物的营养产量远远超过粮食。优质苜蓿干草的粗蛋白含量可以达到 24%,而干玉米粒仅为 8%。发达国家产 6~7 吨奶的奶牛不加任何精饲料,全部用草搭配饲喂,因为牛本身就是吃草的动物,以草养牛,牛的体质更强壮,饲养成本更低廉。耕地种草和种饲料谷物是产业进步的基本标志,也是现代农业发展的必由之路。

据统计,发达国家食品工业原料的 80% 来自畜牧业,15% 来自水果蔬菜,只有 5% 来自谷物。可见,没有畜牧业就没有食品加工业,也就没有农业的商品化和现代化。种草养肉牛就等于在农村建立起大量的生物加工厂,增产增收效果好。而传统的种粮不种草,养猪多养牛少,缺少生物加工厂,是对有限资源的浪费。

2. 种草养肉牛有什么好处?

（1）**种草养肉牛的经济效益高** 发达国家牛奶占农业总产值的 20%～40%，为第一大产业，牛肉是第二大产业，占 20% 左右。农业产值的一半是牛，农户的一半是专业养牛户。牛奶和牛肉占主导地位使其经济效益空前提高，这是现代化过程中的规律，各国都不例外。1997 年荷兰种草养肉牛专业户 60 283 户，占 107 919 总农户的 65%。印度、巴西也在大力发展种草养肉牛。据法国调查，同样规模土地上种草养肉牛是种谷物收益的 10 倍。

（2）**种草养肉牛符合我国基本国情** 在现代农业中，种草养肉牛属于相对劳动密集型产业，种草养肉牛本身可以容纳大量劳动力。同时，牛业产业关联度高，牛产品的加工、运销等环节多，在我国人多、耕地少的基本国情下，发展种草养肉牛，是扩大就业岗位，推进产业结构调整的基本思路。

（3）**牛肉营养价值高，消费群体大** 牛肉含有丰富的蛋白质，氨基酸组成比猪肉更接近人体需要，保健作用突出。中医认为：牛肉有补中益气、滋养脾胃、强健筋骨、化痰息风、止渴止涎的功能。牛肉的营养价值高，古有"牛肉补气，功同黄芪"之说。国际食品组织把牛肉同时列入健美和保健的功能性食品。牛肉营养丰富，其蛋白质含量很高，氨基酸组成更适合人体的需求，而且含有较多的矿物质，如钙铁硒等。尤其铁元素含量较高，并且是人体容易吸收的动物性血红蛋白铁，是预防缺铁性贫血的首选补品（图 2-1）。

我国是全球第三大牛肉消费国，仅次于美国、巴西。随着中国居民收入的增加、生活水平的提高，牛肉的消费量将持续呈现增长的趋势。

中国居民牛肉消费低

图 2-1 新鲜牛肉

于欧美发达国家及部分东亚国家。据统计，中国国内肉类及其制品人均消费量为34.89千克，其中牛肉人均消费量仅为4千克，是日本的40%，美国的11.1%。随着西餐文化在我国餐饮习惯中的渗透，各个地区消费牛肉的群体也逐渐扩大，此外，我国目前约有2000多万穆斯林少数民族，这些人群属于牛羊肉的刚性消费群体。适宜各族人民消费，消费群体大。因此，我国牛肉总体的消费需求必将快速增长，市场前景广阔。

当前国内牛肉价格持续上涨，牛肉供给不足是直接原因。肉牛产业发展缓慢，能繁母牛和牛犊数量少是根本原因。受肉牛自然生产周期长、本身价值大的限制，我国牛肉供给在短期内难以迅速增加，牛肉价格上涨势头明显。稳定牛肉价格必须着眼于肉牛产业的长期发展。因而种草养肉牛，助推产业发展，是一项长期而艰巨的建设任务，势在必行。

（4）种质资源丰富，发展基础扎实　种草养肉牛在我国已有一定基础，紫花苜蓿种植和养牛生产历史悠久，积累了一定的种养经验和繁多的种质资源。特别是近年来培育和引进了大量的紫花苜蓿及饲草专用玉米等优质牧草品种；在养牛生产中，引进世界诸多优良品种，诸如利木赞牛、夏洛莱牛、海福特牛、皮尔蒙特牛、安格斯牛、西门塔尔牛、蒙贝利亚牛、弗莱维赫牛等，通过杂交改良培育出诸如中国西门塔尔牛、草原红牛、科尔沁牛、辽育白牛、蜀宣花牛、夏南牛等，同时我国地大物博，拥有大批优秀的地方良种黄牛诸如秦川牛、晋南牛、南阳牛、鲁西牛、延边牛等。为种草养肉牛的发展奠定了坚实的基础。目前世界正在大力发展乳肉兼用牛，德国人用150年培育出生产性能优秀的弗莱维赫牛（德系西门塔尔牛），母牛年均挤奶量超过7吨，公牛530日龄体重达到700～800千克，日增重1400克；奶量不少于奶牛，肉量不少于肉牛，奶质超过黑白花奶牛，肉质不亚于专用肉牛。我国农业部签约引入其冷冻精液，在我国各地进行改良，效果良好，进一步丰富了种草养肉牛的种质资源。

3. 如何区分饲料谷物和食用谷物?

现代农业追求经济效益、生态效益和社会效益的统一,低成本、长链条、高效益的耕地种草养肉牛成为必然选择。

世界上通常把谷物分为两类:人吃的叫食用谷物,称为粮食。动物吃的称饲料谷物、精饲料或饲料粮。饲料谷物是在食用谷物生产的基础上培育出来的特殊品种,有两大特点:一是抗逆性强,产量高;二是秸秆的蛋白质含量高。例如,美国的饲料高粱秸秆蛋白质高达16%~22%,是高粱籽粒的3倍。

饲料谷物比食用谷物的生物量和蛋白质产量高,且适应性强。发达国家已经育出和用于生产的有饲料水稻、饲料玉米、饲料小麦、饲料高粱、饲料油菜、饲料薯类等。我国目前尚未形成饲料谷物的概念。饲料谷物等同于高蛋白的草,全株营养丰富,生物产量高。

4. 什么是子实农业与营养体农业?

(1)子实农业即以生产谷物子实(粮食)为目标的种植业 长期以来,我国的农业可称为单纯的子实农业,在实现温饱过程中,曾发挥了巨大的作用。然而也造成了我国人均口粮消费是发达国家的3~4倍,畜牧业也是以耗粮型为主体。我国人口占世界的21%,猪肉产量则占56%,人均猪肉44千克,超过美国1倍;我们喝的牛奶相当于发达国家的1/15,吃的牛肉相当于发达国家的1/5。悠久的历史造就了国人的聪明才干,也造成了根深蒂固的保守传统,几千年以粮为本的观念很难改变,种草养肉牛的高效农业进展相对较慢。

(2)营养体农业即以生物总产量为目标的种植业 耕地种草堪称营养体农业。在同样耕地上,种草比种粮可为人类提供更多的生物量和蛋白质量。发达国家的经验证明,牧草作物的光合效率高,营养体农业可以充分利用光、热资源,不受子实作物成熟期的限制，经济效益大，因而种草养肉牛是"通往现代农业的桥梁"。

5. 如何看待营养体农业与粮食安全?

营养体农业，生物产量高，有利于粮食安全。以多年生紫花苜蓿草为例，干草粗蛋白含量高达 24%～26%，按每 667 米^2 产 1 500 千克干草计算，每 667 米^2 产粗蛋白近 400 千克。如果种粮作玉米，平均每 667 米^2 产 700 千克计算，乘上 8% 的蛋白率，仅合 56 千克，加上秸秆也不超过 70 千克粗蛋白质。种植专用青贮玉米，每 667 米^2 生物产量、可消化总养分、可消化粗蛋白质、胡萝卜素含量分别为 3 000 千克、495 千克、39 千克、105 克，分别是子实玉米的 4.14、1.44、1.86 和 30.88 倍。可见，种草获取的生物量是种谷物的 4～8 倍。从生物产量或营养产量上看，营养体农业产量高，有利于缓解粮食压力，降低饲养成本。

特别是在我国精饲料加粗饲料的养殖模式下，大面积种植谷物玉米，把玉米秸秆与子实分离收获，而在应用过程中，把子实作为主要精饲料，秸秆作为主要粗饲料，搭配喂牛。一方面为收获子实，使植株老化，有效营养成分含量降低，饲喂动物后的消化利用率降低，导致动物产品量降低，同时投入的工时等费用增加，反过来也影响到粮食安全问题。而以营养体农业进行生产，在玉米植株老化前收获，免受无霜期限制，可扩大生产区域和种植面积。在整株的有效养分含量较高时收获利用，动物的消化利用率高，单位面积的动物产品量增多，供人类食用后，必将替代出更多的谷物食品。可见，推进营养体农业的发展，是维护食品供给安全的重要措施。

6. 牧草与杂草有什么不同?

牧草并不是杂草。杂草是自然状态下自生自灭的野生（杂）草，虽然具备抗旱、抗瘠能力，但其营养价值差、适口性差、产量低。而种草养肉牛所提倡种的草，指经过人工培育出的饲用优质牧草，其特点是像种粮一样，对生长环境有一定的条件要求，而在相应条件下，营养价值高，产量高，甚至是野生（杂）草的几十倍至成百倍。例如，高产优质饲草菊苣，667 米^{2}年产鲜草量可达 2 万～3 万千克，而且富含许多动物必需的氨基酸。又如，誉为"牧草之王"的紫花苜蓿，营养物质产量是其他作物的数倍；专用饲草玉米，其营养物质产量也远高于粮作子实玉米。由此可见，种草是专指用于养牛的优质牧草，而不是泛指自然状态下生存的野草。

牧草所含的营养物质丰富而完全。豆科牧草干物质中蛋白质含量为 15%～20%，含有各种必需氨基酸，蛋白质生物学价值高，可以弥补谷类饲料蛋白质数量不足，所含钙、磷、胡萝卜素和各种维生素如 B 族维生素、维生素 C、维生素 E、维生素 K、均较丰富。适期刈割利用的豆科牧草其粗纤维含量低，柔嫩多汁，适口性好，易消化。一般来说，禾本科牧草所含营养物质通常低于豆科牧草，但良好的禾本科牧草的营养价值尤其是产量又往往不亚于豆科牧草，富含精氨酸、谷氨酸、赖氨酸、聚果糖、葡萄糖、果糖、蔗糖等，胡萝卜素也较高。

7. 栽培牧草的关键技术有哪些？

农田种草，系指经过人工选育、证实高产高效的人工栽培作为家畜饲料用的作物。我国地域广阔，适宜种植牧草的种类与品种也较多，而不同地域适宜栽培的牧草与管理技术要求不同。像种植粮食作物一样，各地区应选用相应的牧草种类和品种，并采取相应的管理技术，方可取得事半功倍的效果。

（1）播前准备

①整地　整地的目的是通过耕翻、耙耱、镇压及其他地面处理技术，为牧草的播种、生长发育创造良好的土壤条件。牧草只有生长在松紧度和孔隙度适宜、水分和养分充足、没有杂草和病虫害、理化性状良好的土壤上才能获得高额的产量。根据土壤、地形、坡

度、气候、植被等条件的不同，可以分别采用全垦、带垦或免耕等不同地面处理技术。

②施肥　部分地区土壤有机质含量很低，氮、磷较为缺乏。必须根据牧草生长发育的需要及土壤营养元素的含量合理施肥。施肥可分基肥、种肥和追肥等。基肥，即在播种前，随耕翻整地过程施入，供整个生长期利用的农家肥或化肥；种肥，在播种期，伴随播种而施入、专供种子发芽及苗期利用的肥料；而追肥则是在牧草作物的特殊生长发育期，施入一定量的特种肥料，以追求快速生长，获得高额的营养体产量。

③种子处理　为保证播种质量，播前应根据种子的不同情况，采用去杂、去芒、精选、浸种、消毒、摩擦、接种根瘤菌等技术进行种子处理。

（2）播期选择与播种　根据当地气候条件、土壤水分状况和牧草作物的特性决定。冬性或冷季型多年生或越年生牧草如冰草、无芒雀麦、多年生黑麦草、苜蓿、白三叶、红三叶、毛野豌豆、多花黑麦草、绛三叶等，适宜秋播；春性或暖季型多年生或1年生牧草如非洲狗尾草、狗牙根、大翼豆、圭亚那柱花草、苏丹草、春箭筈豌豆等，适宜春播。

根据不同牧草种子的大小或千粒重、发芽率、667米^{2}苗量等，确定播种量。根据不同牧草品种的特殊要求，依据土壤墒情、质地及不同牧草种类的特殊要求确定播种深度，采用撒播、穴播或条播等形式进行播种，以确保苗全苗壮。

（3）田间管理　牧草播种后，依出苗生长及环境条件的变化采取一系列田间管理技术措施，包括破除表土板结、查苗补种、中耕松土、消灭杂草、防治病虫害及灌溉、追肥等项内容。

8. 如何栽培与利用紫花苜蓿？

紫花苜蓿，是当今世界分布最广的栽培牧草，在我国已有2000多年的栽培历史，由于其适应性广、产量高、品质好等优点，

图 2-2　初花期紫花苜蓿

素有"牧草之王"之美称（图 2-2）。紫花苜蓿的营养价值很高，粗蛋白质、维生素和钙含量很丰富，动物必需的氨基酸含量高，苜蓿干物质中含粗蛋白质 15%～26.2%，相当于豆饼的一半，比玉米高 2～3 倍；赖氨酸含量 1.05%～1.38%，比玉米高 4～5 倍。紫花苜蓿是养牛生产的上等饲草，用途很广。青饲、放牧或调制成干草、青贮饲料或加工成草粉、草饼及颗粒料，不仅营养丰富，且适口性好。其营养成分列于表 2-1。

表 2-1　紫花苜蓿不同生长时期的营养成分（%、以干草计）

生长期	干物质	粗蛋白质	粗脂肪	粗纤维	无氮浸出物	粗灰粉
苗　期	18.8	26.1	4.5	17.2	42.2	10.0
现蕾期	19.9	22.1	3.5	23.6	41.2	9.6
初花期	22.5	20.5	3.1	25.8	41.5	9.3
盛花期	25.3	18.2	3.6	28.5	41.5	8.2
结实期	29.3	12.3	2.4	40.6	37.2	7.5

苜蓿再生能力强，每年可刈割 3～4 茬，产草量高。一般年份每公顷产鲜草 56 000～80 000 千克，折合干草 15 000～25 000 千克。

（1）播种　紫花苜蓿常用播种方法有条播、撒播和穴播 3 种；播种方式有单播、混播和保护播种（覆盖播种）3 种。可根据具体情况选用。种子田要单播、穴播或宽行条播，行距 50 厘米，穴距 50 厘米×70 厘米或 50 厘米×50 厘米或 50 厘米×60 厘米，每穴留苗 1～2 株。收草地可条播也可撒播，可单播也可混播或保护播种。条播行距 30 厘米。撒播时要先浅耕后撒种，再耙糖。混播的可撒播也可条播，可同行条播，也可间行条播；保护播种的，要先条播或撒播保护作物，后撒播苜蓿种子，再耙耱。灌区和肥水条件好的地区可采用保护播种，保护作物有麦类，油菜或割制青干草的燕麦、草高粱、草谷子等，但要尽可能早地收获保护作物。在干旱地区进行保护播种时，不仅当年苜蓿产量不高，甚至影响到第二年的收获量，最好实行春季单播。为提高牧草营养价值、适口性和越冬率，也可采用混播。适宜混播的牧草有：鸡脚草、猫尾草、多年生黑麦草、鹅冠草、无芒雀麦等。混播比例，苜蓿占40%～50%为宜。

（2）田间管理

①播种后，出苗前，如遇雨土壤板结，要及时破碎板结层，以利出苗。

②苜蓿草苗期生长缓慢，易受杂草危害，要中耕除草1～2次。

③播种当年，在生长季结束前，刈割利用1次，植株高度达不到利用程度时，要留苗过冬，冬季严禁放牧。

④二龄以上的苜蓿地，每年春季萌生前，清理田间留茬，并进行松土保墒，秋季最后1次刈割和收种后，要松土追肥。每次刈割后也要耙地追肥，灌区结合浇水追肥，入冬时要浇足冬水。

⑤紫花苜蓿刈割留茬高度3～5厘米，但干旱和寒冷地区秋季最后1次刈割留茬高度应为7～8厘米，以保持根部养分和利于冬季积雪，对越冬和春季萌生有良好的作用。

⑥秋季最后1次刈割应在生长季结束前20～30天结束，过迟不利于植株根部和根茎部营养物质的积累。

9. 为什么玉米具有"饲料之王"之美称？

玉米在世界谷物栽培面积上仅次于小麦和水稻，排名第三。玉米是我国农区的主要粮食（饲料粮）作物，同时也是主要的饲草作物（图2-3）。玉米是种草养肉牛的首选作物。玉米全身都是宝，子实既是人类食粮，又是主要的能量饲料。其茎叶是养牛生产最基本的青饲料或粗饲料，也是青贮饲料的主要制作原料。因而在世界

图 2-3　强盛 12 号玉米成熟期

上具有"饲料之王"之美称。玉米在农业生产中的地位，已远远超过粮食生产。玉米产量高，一般每 667 米² 产玉米子实 300～700 千克，玉米秸 500～800 千克。玉米营养丰富，其营养成分列于表 2-2。

表 2-2　玉米的营养成分　（%）

类　别	水　分	粗蛋白质	粗脂肪	粗纤维	无氮浸出物	粗灰粉
子　实	11.3	7.2	4.8	1.2	73.9	1.6
秸　秆	11.2	3.5	0.8	33.4	42.7	8.4
玉米芯	8.7	2.0	0.7	28.2	58.4	2.0

　　玉米可分为粮作玉米、粮草兼作玉米和饲草专用玉米。粮作玉米即指以生产玉米子实为主要目标的玉米品种。在粮食供求紧张时期，种植生产玉米作为人类食粮，而在温饱之后，玉米则由粮食作物过渡为经济作物、饲料作物。

10. 什么是粮草兼作玉米，有哪些品种？

　　即粮草两用玉米。目前大致有两类，一类是具有子实高产特点，而在子实成熟后，秸秆仍保持青绿，具有较高饲用价值的玉米品种。另一类是具有子实高产特性，而秸秆中营养物质含量也较高。粮草兼用玉米的品种较多，部分简介如下。

　　（1）强盛 12 号玉米　山西强盛种业有限公司培育出的高产优质粮草兼用玉米。经鉴定强盛 12 号玉米产量高，品质好。水地每 667

米²产 700 多千克，旱地 450 千克，比对照增产 17%；蛋白质含量 11.39%，脂肪含量 4.3%，赖氨酸含量 0.28%，淀粉含量 72%，容重 776 克/升。

强盛 12 号玉米，显著特点是抗多种病害，活秆成熟，收获时秸秆翠绿，是牛羊等家畜的优质青贮饲草。鲜草水地每 667 米²产 4 100 千克，肥水良好条件下可达 5 000 千克，旱地每 667 米²产秸秆也在 3 000 千克以上。种植强盛 12 号玉米，是实现农区粮食与畜牧业双赢，增加收入的好措施。

（2）**ZY32 粮草王**　是由中国农业科学院利用原子辐射最新选育而成的粮饲兼用高蛋白玉米，也是我国牧草品种审定委员会通过审定的粮饲兼用牧草新品种。

ZY32 粮草王玉米属中早熟品种，成熟期 105 天，株高 3 米，秸秆粗壮，叶片肥厚宽大，叶面光滑，成穗每株 3～5 个，成熟玉米籽粒饱满，千粒重达 335 克。玉米成熟时其秸秆、叶片仍青绿。经测试，ZY32 粮草王玉米的叶、秆粗蛋白含量为 15%～20%，粗脂肪为 7.6%，是普通玉米的 1.5 倍，鲜食、青贮、晒制干草均可饲用。与普通玉米相比，ZY32 粮草王玉米抗旱、抗涝、抗寒性均显示出较强的优势，高抗叶斑病、黑穗病，能耐 40℃的持续高温。对土壤要求不严，微酸性、微碱性土壤均可种植。在肥水条件好的土壤栽培可使产粮、产草量大幅提高。ZY32 粮草王栽培技术较为简单，由于生产大量鲜草及玉米，土地营养消耗量较大，在春播栽培时需施足基肥，一般每 667 米²施氮肥 70 千克、磷肥 30 千克，钾肥 15 千克，土杂肥 2 000 千克；夏播在追施氮肥的同时，可用根外施肥的方法满足其对磷、钾肥的需求。

（3）**京早 13 号**　蛋白质含量 11.25%，赖氨酸含量 0.36%。容重 725 克/升，各项指标均超过国标一级优质饲料粮标准。该品种成熟时青枝绿叶，秸秆可作青贮饲料，营养丰富。另外，高抗大、小斑病，矮花叶病毒病及粗缩病。果穗大小均匀、不秃尖、稳产性好。

（4）高油647 其主要优点是苗期生长整齐，健壮，叶色深绿。单种植株高340厘米，穗位高190厘米，套种株高286厘米，穗位高158厘米，总叶片数22～23片叶。生育期138天，绿秆成熟，籽粒橙黄色，微马齿形，长筒形果穗，不秃尖，籽粒含油量为8.0%，蛋白质含量为12.9%，赖氨酸含量为0.3%，粗淀粉含量为70.8%，籽粒667米^{2}产562.9千克。

（5）高油115 属中晚熟品种类型，北京春播生育期120天左右。株高285厘米，穗位高150厘米。叶片平展，叶色深绿，茎秆坚韧，根系发达，具有较强的抗倒伏能力。抗大斑病、小斑病、黑粉病、粗缩病、矮花叶病、青枯病等，对茎腐病接近免疫，对蚜虫、玉米螟和棉铃虫有抗性。籽粒含油量为8.8%，蛋白质为11.3%，赖氨酸为3.3%，千粒重310克。采收后的秸秆，粗蛋白质含量达8.5%，为北京郊区粮饲兼用和专用青贮玉米的主推品种之一。

青贮品质好、消化率高且籽粒产量和能量均高的高油杂交种还有高油298、高油116、高油118等。

（6）辽原1号 生育期约127天。株高280厘米，全株23～24片叶。幼苗芽鞘紫色，叶色浓绿，叶形细长，生长势较强。株高约299厘米，穗位约146厘米，株形平展，韧性稍差。雄穗分枝多，花药浅紫色，雌穗花柱白色。果穗长筒形，长23.5厘米，穗行数16～18行，苞叶较长，穗轴白色。籽粒纯白色，马齿形，百粒重43.5克，品质上等。籽粒蛋白质含量9.03%，脂肪含量4.32%，淀粉含量72.39%，籽粒赖氨酸含量0.37%，青贮饲料可消化总养分22.42%，产奶净能0.42%。高抗大、小斑病，高抗倒伏。籽粒成熟时茎叶青绿，产草量高。

（7）辽洋白 生育期约为121天。全株23片叶。幼苗芽鞘深紫色，叶片浓绿，生长势强。株高约292厘米，穗位135厘米左右，韧性好。花药紫色。果穗长筒形，长20.9厘米，穗行数14～16行，轴白色，少量红色。籽粒白色，马齿形，百粒重38.3克。品质上等。出籽率 84.8%。籽粒蛋白质含量 9.0%，脂肪 5.55%，淀粉含量 71%。区域试验中，平均 667 米² 产青饲料 3 645 千克。

（8）龙单 26（龙 238）

龙单 26 耐旱耐密性、抗旱抗逆性好，具有良好的高产稳产特性。株高 280 厘米、穗位高 100 厘米，株型呈半紧凑型，耐密性较好，果穗里外一致，边际效应小；黄粒，品质好，百粒重 37 克，容重 738 克 / 升；青贮玉米适宜采收期为蜡熟期，全株测定粗蛋白 8.4%，总糖 8.44%，粗脂肪 1.29%，营养丰富。

除此之外，生产上应用的粮草两用玉米品种或杂交种还有龙牧 3 号、吉青 7 号、吉单 4011、白鹤等。这些品种每 667 米² 产量多在 3 000～5 000 千克及以上，具有很好的丰产性和抗性，对土壤条件要求不高，各种耕地都能种植。

11. 如何栽培利用饲草专用玉米？

饲草专用玉米，即以产青绿饲料为主要目标的饲草玉米。饲草专用玉米的品种及栽培利用技术举例简介于下。

（1）墨西哥牧草玉米 墨西哥玉米又名大刍草，为 1 年生草本，植株形似玉米，分蘖多，茎直立，高 2.5～4 米，粗 1.5～2 厘米（图 2-4）。喜高肥环境。最适发芽温度 15℃，生长最适温度 20℃～35℃，能耐受 40℃ 高温，不耐霜冻，气温降至 10℃ 停止生长，0℃ 时植株枯黄死亡。在年降水量 800 毫米地区生长好。需水量大，但不耐水淹，对土壤要求不严。

种植墨西哥玉米，要求深耕，施足基肥，修好排水沟。每 667 米² 播种量 300～500 克，直播行距 60 厘米。播种后 30～50 天内，

图 2-4 墨西哥玉米

幼苗生长慢，要注意除草。苗高 40～60 厘米时中耕培土，追施氮肥，干旱时浇水，也可育苗移栽，苗高 30 厘米时移入，每穴 1 苗，植后浇水。育苗产量比直播的高。

墨西哥玉米主要用于青饲、青贮用，叶量大，鲜嫩，适口性好，是牛羊的良好多汁饲料，每年可刈割 2 次。青饲应在株高 1～1.5 米时刈割。青贮应在开花后刈割。每 667 米^2 可收 1 万～1.5 万千克。专做青贮时，可与豆科的大翼豆、山蚂蟥蔓生植物混播，以提高青贮质量。

（2）玉草系列　由四川农业大学玉米研究所育成（图 2-5）。

①玉草 1 号　具备产量高、品质好、适应性强、生产成本低等优点。玉草 1 号为禾本科多年生草本植物，植株直立丛生，生长繁茂，根系发达，不刈割时株高可达 3～4 米，主茎粗 1.7～2.1 厘米，叶片较普通玉米细长，长 80～105 厘米，宽 6～8 厘米；分蘖能力强，第一茬平均分蘖 6～16 个，后期平均分蘖 60 个，最高可达 150 个以上；

图 2-5　饲草玉米（株高）

一般不结实；种子黄白色，千粒重 150 克左右。玉草 1 号为喜温、喜湿和耐肥的饲料作物，种子发芽最低地温 14℃，生长适宜温度 24℃～35℃，抗寒、抗旱能力强，植株能耐 -7℃ 低温。玉草 1 号 1 年收割 4～6 次，第一茬刈割 667 米^2 产鲜草 4 000～5 000 千克，年平均 667 米^2 产 1 万千克以上，肥水充足、管理得当可达 1.5 万千克以上。

②玉草 2 号　高产饲草玉米新品玉草 2 号为四川农业大学玉米研究所选育而成的饲草玉米新品种，已通过四川省饲草品种审定委员会审定，目前正在进行国家审定。该品种具有产量高、生育

期短、营养价值高、适应性广、1年可复种多次等优良特点。苗期生长健壮、生长势强、易于管理。具有分蘖的特性，春季栽培分蘖数平均达3.2个。生育期短：春季栽培生育期在90天左右。据经济性状考查，玉草2号平均株高达3.3米，茎秆粗壮、叶片宽大。据多点实收产量称重和大面积实收产量记载，玉草2号平均667米^{2}产鲜草5 262千克。

③**玉草4号** 具有植株特别高大、茎秆粗壮、耐水渍，青贮产量高等突出优点。生育期在100天左右，后期生长势强，分蘖力强。据分蘖数调查，玉草4号窝平均分蘖达3.6个，植株高大。收获时经济性状考查，玉草4号株高达3.5米以上，最高可达4米。生物产量高，收获时多点实收产量调查，平均667米^{2}产鲜草6 525千克。抗性好，抗大斑病、小斑病、纹枯病。

（3）**墨白1号** 是一个适于亚热带种植的玉米综合种，可以连年栽培。该品种分蘖性、再生性强，每丛分蘖15～35个，茎秆粗壮，枝叶繁茂，质地松脆，适口性好，抗病虫害，高产优质。1年可刈割4～6次，667米^{2}产茎叶1万～2万千克，适于做青饲、青贮。

（4）**京多1号** 根系发达，抗旱、抗倒伏性强。适宜在北京、内蒙古、东北、黄土高原及西藏春播种植，在河北、山东、河南的夏播区也可种植。

（5）**科多系列** 科多4号，属青饲、青贮玉米专用晚熟品种，多秆多穗类型。北京地区春播生育期130天。株高300厘米，穗小粒小，籽粒紫色。植株生长健壮，根系发达，抗倒伏性强。适宜在北京、内蒙古、山西等地种植。

科多8号，是通过细胞工程技术选育出的自交系并组配成的新杂交组合。具有很好的丰产性和抗逆性。株高3.5米，平均分蘖2～3个，比科多4号早熟10天，属中晚熟品种。

（6）**大穗枝1号** 属青饲青贮玉米专用品种，多秆多穗类型。全生育期120天。株高280厘米，单株分蘖平均2.4个，主茎与分蘖高度相当。每株结穗平均2.3个，果穗长18厘米、锥形，籽粒黄白色、半马齿形。抗玉米大、小斑病和丝黑穗病。适宜在山西、陕西等地种植。

（7）**辽青85号**　植株高大，生长繁茂，青饲料产量高，但籽粒产量较低于辽原1号，因此宜作青饲料的专用品种。种植密度3 000～6 000株/667米²，对土壤肥力要求不高，栽培管理同其他品种。该品种生育期偏晚，可在辽宁省偏南地区和关内无霜期较长地区大面积推广种植。

12. 刈割收获人工牧草应注意些什么?

栽培牧草，建立人工草地的主要目的是为了获得大量优质的饲草。适时刈割的牧草可以青饲，也可晒制干草或制作青贮，以备冬春饲料缺乏时利用（图

图 2-6　紫花苜蓿收获

2-6）。禾本科牧草适宜的刈割期是抽穗期到开花期，而豆科牧草则是现蕾期到盛花期。刈割次数过少会降低饲草质量及再生草的产量；过多则会导致牧草总干物质产量降低。留茬高度因牧草种类和品种不同而异，豆科牧草中，从根茎萌发新枝的苜蓿等，留茬4～5厘米，而从茎枝腋芽上萌发新枝的百脉根、柱花草、大翼豆等，留茬高为20～30厘米；禾本科牧草中的上繁草如猫尾草、非洲狗尾草等，留茬6～10厘米，象草、杂交狼尾草等高秆牧草可高至20～30厘米，而下繁草如草地早熟禾留茬可低至4～5厘米。

13. 如何贮存利用人工牧草?

饲草料合理保存、加工调制后，能够提高其营养价值，改善适口性和消化性，减少浪费。目前贮存利用方法多采用青贮或机械烘干后加工成捆、块、粒、粉可保存90%的营养，加工环节的引入也

是现代草业区别于传统牧草生产的重
要标志（图2-7、图2-8）。

①**调制青干草**　晒制干草首先
要考虑当地的气候条件，应选在旱季
的晴天进行，当含水量降至20%～
25%时贮存。有条件的可以采用机械
烘干等人工干燥的方法制作干草，可
以保存更多的营养物质，效果更好
（图2-9）。

②**制作青贮**　这是保存牧草营
养价值的好方法。即在密封厌氧的条
件下通过乳酸菌发酵使青贮饲料变
酸，抑制其他引起腐败的微生物的活
动，使青贮饲料得以长期保存的方
法。青贮饲料含水量保持在65%～
75%。青贮可用青贮窖、青贮袋，也
可用地面青贮。

③**制作半干青贮**　又叫低水分
青贮，方法是在青饲料刈割后进行
预干，使原料水分含量降至40%～
60%，植物细胞液变浓，渗透压增
高；在密闭的青贮窖中可造成对微生
物的生理干燥和厌氧环境。由于预

图2-7　美国紫花苜蓿干草

图2-8　青贮饲料制作

图2-9　优质青干草（苜蓿）

干，发酵作用受到抑制，尤其是丁酸菌、腐生菌等有害微生物区系
的繁殖受到阻碍，从而使青贮饲料中的丁酸显著减少；同时，也能
克服高水分青贮由于渗液而造成的养分损失。

14. 青干草与枯草有什么不同，如何区分？

青干草系指人工栽培牧草以及天然草场、草地的野生牧草，在生长期的特定阶段（完熟期之前）进行刈割收获，通过人工干燥或自然晾晒干燥而制成的干草。青干草的饲用价值与牧草的种类、品种、收获期以及干燥过程和贮存条件、方法与时间的不同而差异很大，即使同一品种牧草，也受收获期、加工贮存的方法不同而饲用价值不同。从总体上说，青干草营养丰富、适口性好，是牛羊的良好饲料。而枯草则相当于农作物秸秆，是指牧草枯熟后收获制作的干草，包括人工牧草收获种子后制作的干草。枯草不仅有效营养成分含量降低，而且动物的利用率降低。一般情况下，青干草具有较浓的芳香味，质地较柔软，且颜色偏绿，而枯草则颜色枯黄，质地粗硬，芳香味较淡。

15. 饲草喂前需要做些什么?

（1）切碎　不论是青刈收获的新鲜牧草还是干制后的牧草，特别是植株高大的牧草，在喂前都应该进行铡切，以利牛的采食（图2-10）。民谚"寸草切三刀，无料也上膘"即是此意。然而牧草喂牛并不建议粉碎，因为草粉对牛的采食量和消化并无帮助，而粉碎加工必然增加了成本费用。

图2-10　牧草的喂前铡切

（2）去杂　牧草及农副产品，在收获加工过程中，难免混入一些对牛有害的杂物，诸如土石碎块、塑料制品及铁丝、铁钉等。在饲喂前一定要筛选、去杂。动物采食过多的杂物，会造成消化紊乱，特别是铁钉等锐器，会刺伤胃壁，导致网胃心包炎，危及生命。

（3）去毒　牧草幼苗期水分含量大，相对营养浓度低，不能满足牛的生长和生产需要，应对其水分进行适当调整后利用。特别是部分牧草幼苗期含有一定毒素，如玉米、高粱、三叶草等牧草的幼苗期不仅水分含量高，而且含有一定量的氰苷配糖体，直接饲喂会导致氢氰酸中毒。对幼苗期的牧草应进行干制，脱水去毒后与其他牧草搭配喂牛。另外，作为蛋白质补充饲料的大豆饼含有抗胰蛋白酶、血细胞凝集素、皂角苷和脲酶，棉籽饼含有棉酚，菜籽饼含有芥子苷，对牛具有一定毒性，应进行去毒处理。

（4）搭配　各种牧草的营养成分不同，适口性也不一致。在利用过程中，应对适口性好的牧草如紫花苜蓿、燕麦草等和适口性偏差的牧草如含有特定芳香味的菊科牧草、蒿科牧草及质地粗硬的作物秸秆等多种牧草进行搭配饲用，以增进采食量，同时起到营养互补和平衡的作用，民谚"花草花料"喂牛即是此意。

16. 什么是碾青，有什么意义？

碾青俗称"染青"，是我国劳动人民在长期的生产实践中创造的一种经济有效的牧草与秸秆加工利用的方法。即将干制后的秸秆切碎后铺于打谷场上，厚度15～30厘米，其上铺同样厚的切碎的新鲜牧草，然后再覆盖一层秸秆，用畜力或机械带动石磙碾压。使青刈收获的新鲜牧草被压扁、汁液流出而被秸秆吸收。加工后的牧草在夏天经短时间的晾晒，即可贮存。其意义为，可较快地制成干草，减少营养素的损失；茎叶干燥速度一致，减少叶片脱落损失；还可提高秸秆的适口性与营养价值。是种草养肉牛、新鲜牧草科学利用行之有效的加工方式。

17. 如何高效栽培青贮玉米？

青贮玉米是禾本科牧草中最理想的青贮饲料，近几年种植面积不断扩大。青贮玉米品种特性与普通饲用玉米稍有不同，它更加喜水、喜肥，在栽培管理上应区别于普通饲用玉米。

青贮玉米的种植密度与品质负相关，使人们很难根据产量确定最佳种植密度。权衡产量和品质两个因素，最佳建议青贮玉米的种植密度与普通玉米的种植密度基本一致。

（1）选用良种　青贮玉米分为三种类型：青贮专用型玉米、粮饲兼用型玉米和粮饲通用型玉米。青贮专用型玉米是指只适合青贮的玉米品种，在乳熟期至蜡熟期内，收获包括果穗在内的整株玉米；粮饲兼用型玉米是指在成熟期先收获玉米籽粒用作粮食或配合饲料，然后再收获青绿的茎叶青贮；粮饲通用型玉米既可作为普通玉米品种种植，在成熟期收获籽粒，用作食物或配合饲料，又可以作为青贮玉米品种种植，在乳熟期至蜡熟期内，收获包括果穗在内的整株玉米作青饲料或青贮。目前，产量、品质、抗逆性和适应性较好的青贮玉米品种有科多4号、高油647、辽单625、黑饲1号等品种。青贮玉米应该兼顾株体产量和子实产量，所以粮草兼作玉米新品种也是较理想的选择。

（2）整地播种　选择灌排条件较好、土壤肥力较高、交通便利的地块播种。采用药剂拌种，有利于防治地下害虫和苗期病害。北方地区初春播种或6月上旬夏播。由于青贮玉米主要收获上部绿体，种植密度可比普通饲用玉米略大一些，每667米^{2}播种量4～5千克。保苗每667米^{2}5 000株左右。播种深度4～5厘米。条播行距60厘米左右。

（3）合理施肥浇水　青贮玉米以收获绿体为主，群体较大，相应需肥量较大，播前需施底肥，一般每亩施有机肥5 000千克，复合肥25～30千克。进入拔节期后，玉米生长速度加快，同时雄穗、雌穗开始分化，所需水肥较多，必须及时重施拔节孕穗肥，每667米^{2}施尿素15～20千克。青贮玉米需水较多，拔节与授粉时遇干旱应及时灌水；雨水过多时及时排涝。

（4）田间管理　苗期应及时间苗、定苗，并适当蹲苗，保证苗齐、苗全、苗壮。若青贮玉米品种为分枝多穗型，在定苗时不要去除分蘖，可以保留较多的侧枝，提高单位面积产量。

（5）适期收获　青贮玉米适期收获非常关键，最适收获期在植株含水量为65%～70%的时候，这种理想的含水量在半乳线阶段至 1/4 乳线阶段出现，即乳线下移到籽粒 1/2～3/4 阶段。若在饲料含水量高于 68% 或在半乳线阶段前收获，干物质积累没有达到最大量；若在饲料含水量降到 61% 以下或籽粒乳线消失后收获，茎叶会老化，并导致产量损失。收获前应仔细观察乳线位置，收获后立即切割、贮存。

18. 制作青贮饲料有什么好处？

（1）有效地保存牧草原有的营养成分　牧草作物在收获期及时进行青贮加工保存，营养成分的损失一般不高于 10%。特别是青贮加工可有效地保存饲料中的蛋白质和胡萝卜素；又如甘薯藤、花生蔓等新鲜时藤蔓上叶子要比茎秆的养分高 1～2 倍，在调制干草时叶片容易脱落，而制作青贮饲料，富有养分的叶片全部可被保存下来，从而保证了饲料质量。同时，农作物在收获时期，尽管子实已经成熟，而茎叶细胞仍在代谢之中，其呼吸继续进行，仍然存在大量的可溶性营养物质。通过青贮加工，创造厌氧环境，抑制呼吸过程，可使大量的可溶性养分保存下来，供动物利用。从而提高其饲用价值。

（2）青贮饲料适口性好、消化率高　青贮饲料经过微生物作用，产生具有芳香的酸味，适口性好，可刺激草食动物的食欲、消化液的分泌和肠道蠕动，从而增强消化功能。在青贮保存过程中，可使牧草粗硬的茎秆得到软化，可以提高动物的适口性，增加采食量，提高消化利用率。

（3）制作青贮饲料的原材料广泛　饲料玉米是制作青贮良好的原材料，同时其他禾本科作物如莜麦、燕麦都可以制作良好的青贮饲料，而荞麦、向日葵、菊芋、蒿草等也可以与禾本科混贮生产青贮饲料，因而取材极为广泛。特别是牛不喜食的牧草或作物秸秆，经过青贮发酵后，可以改变形态、质地和气味，变成动物喜食的饲料。在新鲜时有特殊气味的牧草、叶片容易脱落的牧草，制作干草时利用率很低，而把它们调制成青贮饲料，不但可以改变口味，而且可软化茎秆、增加可食部分的数量。制作青贮饲料是广开饲料资源的有效措施。

（4）青贮是保存饲料经济而安全的方法　制作青贮比制作干草占用的空间小。一般每立方米干草垛只能垛 70 千克左右的干草，而 1 米³ 的青贮窖就能保存青贮饲料 450～600 千克，折合干草 100～150 千克。在贮藏过程中，青贮饲料不受风吹、雨淋、日晒等影响，亦不会发生火灾等事故，是贮备饲草经济、安全、高效的方法。

（5）制作青贮饲料可减少农作物病虫害传播　青贮饲料的厌氧发酵过程可使原料中所含的病菌、虫卵和杂草种子失去活力。减少植物病虫害的传播及对农田的危害，有利于环境保护。

（6）青贮饲料可以长期保存　制作良好的青贮饲料，只要管理得当，可贮藏多年。因而制作青贮饲料，可以保证养牛生产一年四季均衡地供给优良的多汁饲料。

（7）调制青贮饲料受天时影响较小　在阴雨季节或天气不好时，干草制作困难。而对青贮加工则影响较小。只要按青贮条件要求严格操作，就可制成优良的青贮饲料。

19. 如何调制青贮饲料?

青贮是利用微生物的乳酸发酵作用，达到长期保存青绿多汁饲料的营养特性的一种方法（图 2-11、图 2-12）。

图 2-11　青贮饲料制作（切填）　　图 2-12　青贮饲料制作（碾压）

青贮过程的实质是将新鲜植物紧实的堆积在不透气的容器中，通过微生物（主要是乳酸菌）的厌氧发酵，使原料中的糖分转化为有机酸，主要是乳酸，当乳酸在青贮原料中积累到一定浓度时，就能抑制其他微生物的活动，并制止原料中养分被微生物分解破坏，从而将原料中的养分很好地保存下来。随着青贮发酵时间的进展，乳酸不断积累，乳酸积累的结果使酸度增强，乳酸菌自身亦受抑制而停止活动，发酵结束。由于青贮原理是在密闭并停止微生物活动的条件下贮存的，因此可以长期保存，甚至有几十年不变质的记录。因而在青贮制作过程中要注意以下几点。

（1）尽可能排除空气　乳酸菌是厌氧菌，只有在没有空气的条件下才能进行生长繁殖。如不排除空气，就没有乳酸菌存在的余地，而好气的霉菌、腐败菌会乘机滋生，导致青贮失败。因此在青贮过程中原料要切短（3厘米以下）、压紧和密封严实，排除空气，创造厌氧环境，以控制好气菌的活动，促进乳酸菌发酵（图2-13）。

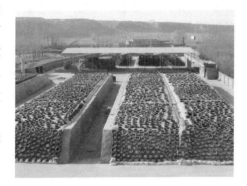

图2-13　青贮饲料的封存发酵

（2）创造适宜的温度　青贮原料温度在25℃～35℃时，乳酸菌会大量繁殖，很快便占主导优势，致使其他一切杂菌都无法活动繁殖，若原料温度达50℃时，丁酸菌就会生长繁殖，使青贮料出现臭味，以至腐败。因此，除要尽量压实、排除空气外，还要尽可能缩短铡草装料等制作过程，以减少原材料的氧化产热。

（3）控制好物料的水分含量　适于乳酸菌繁殖的含水量为70%左右，过干不易压实，温度易升高；过湿则酸度大，动物不喜食。70%的含水量，相当于玉米植株下边有3～5片干叶；如果二茬玉米全株青贮，割后可以晾晒半天；青黄叶比例各半，只要设法压实，即可制作成功。

现阶段农作物秸秆尤其是玉米秸秆仍然是养牛生产中粗饲料的有效补充，而进行玉米秸秆青贮（黄贮）加工，收获子实后的秸秆含水量一般偏低，需要适当加入水分。判断水分含量的简易方法为：抓一把切碎的原料，用力紧握，指缝有水渗出，但不下滴为宜。

（4）原料的科学选择　乳酸菌发酵需要一定的可溶性糖分。原料含糖多的易贮，如玉米秸、瓜秧、青草等。含糖少的难贮，如豆科牧草、花生秧等。对含糖少的原料，可以与含糖多的原料混合贮；也可以添加 3%～5% 的玉米面或麦麸等单贮。

（5）收制时间的确定　饲料作物青贮，应在作物子实的乳熟期到蜡熟期进行，即兼顾生物产量和动物的消化利用率。玉米秸秆的收贮时间，一看子实成熟程度，乳熟早，枯熟迟，蜡熟正适时；二看青黄叶比例，黄叶差，青叶好，各占一半就嫌老；三看生长天数，一般中熟品种 110 天就基本成熟，套播玉米在 9 月 10 日左右，麦后直播玉米在 9 月 20 日左右，就应收割青贮。粮草兼用玉米秸秆进行青贮，则要掌握好时机。过早会影响子实的产量、过晚又会使秸秆干枯老化、消化利用率降低，特别是可溶性糖分减少，影响青贮的质量。秸秆青贮应在作物子实成熟、收获后立即进行，而且越早越好。

20. 如何评定青贮饲料的品质？

青贮饲料的品质评定分感官鉴定和实验室鉴定，实验室鉴定需要一定的仪器设备，除特殊情况外，一般只进行感官鉴定。即从色、香、味和质地等几个方面评定青贮饲料的品质（图 2-14）。

（1）颜色　因原料与调制方法不同而有差异。青贮饲料

图 2-14　青贮饲料的品质评定

的颜色越近似于原料颜色，质量越好。品质良好的青贮饲料，颜色呈黄绿色；黄褐色或褐绿色次之；褐色或黑色为劣等。

（2）气味　正常青贮饲料有一种酸香味，以略带水果香味者为佳。凡有刺鼻的酸味，则表示含醋酸较多，品质次之；霉烂腐败并带有丁酸（臭）味者为劣等，不宜饲用。换言之，酸而喜闻者为上等；酸而刺鼻者为中等；臭而难闻者为劣等。

（3）质地　品质良好的青贮饲料，在窖里非常紧实，拿到手里却松散柔软，略带潮湿，不黏手，茎、叶、花仍能辨认清楚。若结成一团发黏，分不清原有结构或过于干硬，均为劣等青贮饲料。

总之，制作良好的青贮饲料，应该是色、香、味和质地俱佳，即颜色黄绿、柔软多汁、气味酸香，适口性好。玉米秸秆青贮则带有很浓的酒香味。玉米青贮质量鉴定等级列表于下（表2-3）。

表2-3　玉米青贮品质鉴定指标表

等　级	色　泽	酸　度	气　味	质　地	结　构	饲用建议
上　等	黄绿色、绿色	酸味较多	芳香味浓厚	柔软稍湿润	茎叶分离、原结构明显	大量饲用
中　等	黄褐色、黑绿色	酸味中等	略有芳香味	柔软而过湿或干燥	茎叶分离困难、原结构不明显	安全饲用
下　等	黑色、褐色	酸味较少	具有醋酸臭味	干燥或黏结块	茎叶黏结、具有污染	选择饲用

21. 如何对玉米秸秆青贮饲料进行品质评分鉴定?

随着市场经济的发展，青贮饲料逐步走向商品化，在市场交易过程中，其品质与价格正相关，对其品质评定要求数量化，因而农业部制定了青贮饲料品质综合评定的百分标准，列于表2-4。

表 2-4　青贮玉米秸秆质量评分表

项目 总分值	pH值 （25）	水分 （20）	气味 （25）	色泽 （20）	质地 （10）
优等 100～72	3.4（25） 3.5（23） 3.6（21） 3.7（19） 3.8（18）	70%（20） 71%（19） 72%（18） 73%（17） 74%（16） 75%（14）	苷酸香味 （25～18）	黄亮色 （20～14）	松散、 微软、 不黏手 （10～8）
良好 67～39	3.9（17） 4.0（14） 4.1（10）	76%（13） 77%（12） 78%（11） 79%（10） 80%（8）	淡酸味 （17～9）	褐黄色 （13～8）	中间 （7～4）
一般 31～5	4.2（8） 4.3（7） 4.4（5） 4.5（4） 4.6（3） 4.7（1）	81%（7） 82%（6） 83%（5） 84%（3） 85%（1）	刺鼻酒酸味 （6～1）	中间 （7～1）	略带黏性 （3～1）
劣等 0	4.8（0）	85%以上 （0）	腐败味、霉 烂味（0）	暗褐色（0）	发黏结块 （0）

优质青贮秸秆饲料应是黄色、暗绿色或褐黄色，柔软多汁、表面无黏液、气味酸香、果酸或酒香味，适口性好。青贮饲料表层变质时有发生，如腐败、霉烂、发黏、结块等，为劣质青贮料，应及时取出废弃，以免引起家畜中毒或其他疾病。

22. 肉牛常用牧草产品有哪些？如何选用？

肉牛产业的迅速发展是改善人民生活水平，提高人民生活质量的重要措施，而牧草饲料是肉牛养殖业发展的重要基础。发展草业生产，相对于粮食作物来说，牧草更能够提高自然资源的利用效率，牧草提供的有效养分也更多。牧草的另一大优势是其属于纯天然的饲料，营养多样化，其价值也非常丰富，转化率也较高。因而草产品的市场化是种草养肉牛快速发展的必然趋势。

我国大部分地区的自然环境条件、气候和土壤都适合牧草的生长，然而我国的种草养肉牛处于起步阶段，牧草产业的商品化程度较低。所以，通常使用的栽培牧草大多都是从国外进口，如紫花苜蓿、燕麦草。我国野生的牧草资源丰富，其中饲用价值较高的牧草也不在少数。而目前市售产品种类较少，应用比较广泛的主要有紫花苜蓿、羊草等。部分农作物秸秆饲料正逐步进入市场流通，标志着我国的草产品正在迈向市场化。

目前，国内市场已开发的牧草产品有草粉、草颗粒、草块、草饼、草捆、叶块、叶粒和浓缩叶蛋白等（图2-15、图2-16）。

图2-15 优质饲草产品包（苜蓿干草）

图2-16 运输中的饲草产品

牧草产品在国际、国内均具有非常广阔的市场。美国、加拿大和澳大利亚是主要出口国；日本、韩国、台湾和东南亚地区是主要进口国，其中，紫花苜蓿是生产量和销售量最大的牧草产品，在美国已成为仅次于小麦、玉米和水稻的第四大农作物，年产值达数十亿美元，被誉为"现金作物"。美国出口的牧草产品主要包括：苜蓿、猫尾草、燕麦、苏丹草、狗牙根、多年生黑麦草和苇状羊茅等。

现就肉牛生产常用的牧草产品简介如下。

（1）紫花苜蓿 紫花苜蓿，原名紫苜蓿，又名苜蓿、蔷薇目、豆科、苜蓿属多年生草本，根粗壮，深入土层，根茎发达。茎直立、丛生以至平卧，四棱形，无毛或微被柔毛，枝叶茂盛。世界各地都有栽培或呈半野生状态。生于田边、路旁、旷野、草原、河岸及沟谷等地。是世界各国广泛种植的牧草。在我国种植历史悠久。从农艺作物分类，苜蓿分为紫花种、黄花种和杂花种三大系统。其中紫花苜蓿是苜蓿属中的主要栽培品种，主要分布在黄河流域，以陕西、甘肃、山西、新疆栽培面积最大，是中国苜蓿的主要产区。

紫花苜蓿茎叶柔嫩鲜美，适宜于青饲、青贮、调制青干草、加工草粉等。紫花苜蓿富含多种维生素、矿物质及类黄酮素、类胡萝卜素、酚型酸等植物特有的营养素。其饲喂动物营养独特，功能显赫。

苜蓿草产品很多，诸如苜蓿叶粉、苜蓿草粉、苜蓿颗粒、苜蓿裹包青贮、苜蓿干草等市售产品较多，不同产品的营养含量和市场价格差异很大。由鲜嫩苜蓿叶制作的苜蓿叶粉，多用人类食品或药品的原材料；苜蓿草制成的草粉，多为精饲料原料。苜蓿草粉的质量取决于苜蓿茎与叶的组成比例。收贮条件较好的风干苜蓿叶中含粗蛋白质 25.5% ± 2.6%，粗纤维 14.3% ± 2.5%。按国际饲料分类原则属于蛋白质饲料。但风干苜蓿茎中粗纤维含量高达 41.3% ± 1.8%，粗蛋白质仅含 10.4% ± 0.9%，又属于粗饲料。

苜蓿在不同物候期收获加工对苜蓿草产品营养成分含量的影响不同。现蕾期、初花期与盛花期苜蓿草粉的粗蛋白质含量分别为 20.0%、18.2% 和 16.9%；而粗纤维含量分别为 26.1%、26.5% 和 28.1%。经过人工干燥的盛花期收刈的完整苜蓿草粉中含有赖氨酸 0.74%～0.78%；苜蓿叶中的钙、磷含量分别比茎中钙、磷含量约高出 150% 和 50%，随着生育期有下降的趋势。苜蓿草粉中含有丰富的铁，硒的含量较高，高出一般畜禽需要量的 5～10 倍，是一种较好的铁源与硒源。但含铜、锌、锰则都在畜禽需要量的范围内。苜蓿草粉的营养成分直接受其原料的茎叶比和生长期 2 个主要因素的制约，因而在购置苜蓿草产品时，要细心观察苜蓿的生长期及茎叶的干物质比例。苜蓿草产品的质量以初花期为最佳，盛花期次之，盛蕾期又次之，结荚期最差。

饲养肉牛，建议选用苜蓿干草或裹包青贮，并以收获加工的物候期以及成品的茎叶比例确定质量和价格。

（2）红豆草　红豆草系豆科驴豆属多年生草本。又名驴喜豆、驴豆。是古老的栽培牧草作物之一（图2-17、图2-18）。近年来成为流通较为广泛的牧草产品。红豆草被誉为"牧草皇后"，这一方面因其产量高，也与其营养价值高有关。初花期至盛花期干草的水分、粗蛋白质、粗脂肪、粗纤维、粗灰分、无氮浸出物、钙和磷含量分别为12%～13%、16.25%～15.35%、1.98%～2.02%、30.5%～32.1%、8.93%～9.28%、41.25%～42.97%、2.08%～2.21%和0.24%～0.28%。种子粗蛋白质含量33.11%、粗脂肪4.33%、粗纤维含量仅7.88%、无氮浸出物达到46.7%、钙和磷分别为2.63%和0.32%。红豆草茎秆中空柔嫩，叶量丰富，各类家畜都喜欢采食，可用于青饲、青贮、放牧、晒制青干草，加工草粉、配合饲料等，因其含有单宁，可沉淀在瘤胃中形成大量泡沫性的可溶性蛋白质，故在肉牛青饲、放牧时不易发生膨胀。因此，红豆草产品是肉牛的上等粗饲料。

（3）小冠花　小冠花是多年生草本豆科植物，在我国已有70多年应用历史（图2-19）。

广泛种植于我国的华北、华东、华中、西北等地。小冠花抗逆性强，草层密集，产草量高，小冠花除青饲和调制干草产品外，还

图2-17　红豆草

图2-18　饲草产品简易贮存

图2-19　小冠花

可加工成草粉产品，做混合及配合饲料成分，作各种畜禽补充饲料利用。小冠花茎叶繁茂柔嫩，营养物质含量高而全面，青草和干草的营养价值以及对于反刍家畜的消化率都与紫花苜蓿相当。

（4）普那菊苣　普那菊苣是一种富含矿物质、消化率极高的多年生饲草（图2-20）。普那菊苣适口性极好，是牛、羊、猪、鹅、鱼等各种家畜首选的采食对象。叶量多且茎叶柔软，叶片有白色乳汁，除含有动物生长所需的蛋白质（粗蛋白质含量为10%～32%）和碳水化合物外，钾、硫、钙、锌和钠等微量元素的含量超过其他牧草。用来饲喂肉牛，可明显提高肉牛的生产性能。根据美国西弗吉尼亚畜牧研究机构的报告，用普那菊苣育肥的羔羊和肉牛，其体重的增长速度明显超过普通饲草。放牧利用时，最佳的轮牧周期为25～30天，留茬高度以3～5厘米为宜。幼畜最初进入放牧地，高度应达到10～12厘米。土壤湿度过大时放牧，易伤害根部。普那菊苣多用于青饲，还可与无芒雀麦、紫花苜蓿等草产品混合青贮，以备冬、春饲喂肉牛。应在叶片长达30厘米时开始收割，此时牧草的营养最为丰富，适口性也最好。要尽量防止抽薹。在肉牛场，它应作为一种特殊的日粮。

图2-20　普那菊苣

（5）**羊草** 羊草又名碱草，为禾本科多年生草本植物。羊草叶量多、营养丰富、适口性好，花期前粗蛋白质含量一般占干物质的 11% 以上，分蘖期高达 18.53%，且矿物质、胡萝卜素含量丰富。每千克干物质中含胡萝卜素 49.50～85.87 毫克。羊草调制成干草后，粗蛋白质含量仍能保持在 10% 左右，且气味芳香、适口性好、耐贮藏。羊草产量高，增产潜力大，在良好的管理条件下，一般每公顷产干草 3 000～7 500 千克，是目前我国养牛业应用比较广泛的商品草之一。

禾本科牧草不脱叶，其品质取决于收获期及加工过程和贮存条件。肉眼鉴别主要是观察其外观。绿黄色（接近绿色）为上等，颜色偏白则证明风吹日晒时间较长，品质偏差。

图 2-21　方捆燕麦草产品

（6）**燕麦草** 燕麦又名铃铛麦。在我国主要分布于东北、华北和西北的高寒地区。近年来，随着人工草地的建立，燕麦开始在牧区大量种植，发展很快，已成为枯草季节的重要饲料来源。在华北地区也种植燕麦作为青饲料和青贮原料。近年来，一些饲草企业大量种植燕麦草，在出穗后至乳熟前期收割，调制成干草，打捆以后出口国外或供应给养殖企业，效益很好（图 2-21 至图 2-23）。

图 2-22　燕麦草（生长期）

燕麦属于一年生禾本科燕麦属植物，分为有皮燕麦（如普通燕麦）和裸燕麦（莜麦）两类。燕麦主要用于饲料和饲草，也大量用于制作燕麦

图 2-23　商品燕麦草

片。燕麦草营养价值高，干物质采食量大，适口性好。干草蛋白含量可在6%～10%，最高可达14%～15%，NDF消化率可达45%～55%，干物质消化率可达75%以上。且过瘤胃蛋白含量高，适合饲喂不同生长阶段的牛。同时，燕麦草与苜蓿有很好的营养互补性，苜蓿草与燕麦草在瘤胃中的降解恰好能够产生某些粗纤维分解菌生长所需要的异丁酸、戊酸以及小肽和氨基酸，这些物质能极大刺激粗纤维分解菌的活性，从而增进牛对纤维性物质的消化率，并改善瘤胃环境的生理参数（如支链脂肪酸、瘤胃氨态氮等）。品种是影响产量和品质的重要因素，高产品种可以提高干草产量20%以上，而且茎叶比也不同，产量越高，叶量越丰富，其干草产量和品质均高。

图2-24　生长期的黑麦草

图2-25　黑麦草短途运输

图2-26　黑麦草产品收贮

（7）黑麦草　黑麦草，禾本科、黑麦草属植物，黑麦草是重要的栽培牧草和绿肥作物（图2-24至图2-26）。其中多年生黑麦草和多花黑麦草是具有经济价值的栽培牧草。黑麦草茎叶干物质中含粗蛋白质13.7%，粗脂肪3.8%，粗灰分14.8%，草质好，柔嫩多汁，适口性好，各种家畜均喜采食。适宜青饲、调制干草或青贮，亦可放牧。是饲养肉牛的优质饲草，调制干草或青贮在盛花期刈割。

（8）皇竹草和象草　皇竹草，又称粮竹草、王草、皇竹、巨象草、甘蔗草，为多年生禾本科植物，直立丛生，具有较强的分蘖能力，单株每年可分蘖80～90株，堪称草中之皇帝（图2-27）。因其叶长茎高、秆型如小斑竹，故名称皇竹草。皇竹草由象草和美洲狼尾草杂交选育而成，属四碳植物，是一种新型高效经济作物。皇竹草叶量较多，叶质柔软，茎叶表面刚毛少，脆嫩多汁，适口性和饲料利用率都比象草高。皇竹草的粗蛋白质比象草高 9.3%～23.9%，随施肥水平增高，植株含游离氮增加，两种牧草的粗蛋白质含量的差异相对不大。皇

图 2-27　皇竹草

竹草、象草植株各茎段的含糖量不同，皇竹草的平均锤度为 5.2，比象草高 8.3%，说明其可溶性糖含量较高，这对提高家畜的适口性有良好作用。皇竹草营养成分含量高，不同生长阶段，粗蛋白质含量差别大。生长 1 个月高 50 厘米时粗蛋白质含量 10.8%，而生长 3 个月高 150 厘米时含粗蛋白质只有 5.9%。

象草，禾本科、黍族多年生丛生大型草本作物（图 2-28）。象草为优良饲料，在我国引种栽培也较普遍，因此变异性较大，总体来说，象草柔软多汁，适口性很好，牛的利用率高，可调制成干草或青贮产品。象草具有较高的营养价值，蛋白质含量和消化率均较高。象草是我国南方建立牧草产品的一种优良牧草。

图 2-28　象草

（9）苏丹草、高丹草　苏丹草是禾本科高粱属一年生草本植物（图 2-29）。苏丹草的收获期应考虑到它的产草量，营养价值和再生能力。从饲料的产量和品质考虑，宜在抽穗及盛花期收割苏丹草。若与豆科作物混播时，则应在豆科草现蕾时收割，收割过晚，往往第二茬只留下苏丹草，使豆科草易失去再生能力。在气候

图2-29 苏丹草

寒冷，生长季节较短的地区，第一茬收割不宜过晚，否则二茬草的产量很低。如调制干草，最好在抽穗前收割，过迟可食性降低；作青贮的苏丹草，在乳熟期收割为宜。苏丹草作为夏季利用的青饲料饲用价值很高，饲喂奶牛可维持高额产奶量，也可饲喂其他家畜。苏丹草的茎叶比玉米、高粱柔软，易于晒制干草。苏丹草再生力强，第一茬适于刈割鲜喂或晒制干草，第二茬以后，再生草进行放牧。苏丹草的茎叶产量高，含糖量丰富，可与高粱杂交，杂交后植株高大，鲜草产量高。在旱作区栽培，用来调制青贮饲料，饲用价值超过玉米青贮饲料。

高丹草是根据杂种优势原理，用高粱和苏丹草杂交而成，由第三届全国牧草品种审定委员会审定通过的新牧草（图2-30、图2-31）。高丹草综合了高粱茎粗、叶宽和苏丹草分蘖力、再生力强的优点，杂种优势非常明显。高丹草粗蛋白质、粗脂肪含量占鲜重百分比分别为2.49%和0.6%，高丹草营养价值高，干物质中粗蛋白质含量占13.2%，体外消化率77%，难以消化的木质素比普通品种低40%～60%。是牛、羊良好的粗饲料。可以用来青饲或青贮，也可以调制成干草，是肉牛冬春季节较好的粗饲料。其茎秆、叶光滑柔软纤细，容易消化。味甜，适口性好，营养丰富，含糖量、能量较高，生产中可用于高质量青草、干草生产，也可青贮、加工草粉，均能被利用，特别是用它饲喂肉牛，可降低饲料成本，达到节支增收的效果。

图 2-30　高丹草　　　　　　　图 2-31　高丹草颗粒

（10）农作物秸秆饲料　我国农区秸秆资源丰富，部分农作物秸秆可以作为肉牛粗饲料利用。在市场经济下，近年来可饲用化农作物秸秆成为商品，广泛流通于种植农户与肉牛养殖场（户）之间（图 2-32、图 2-33）。秸秆是由大量的有机物和少量的矿物质及水构成，其有机物的主要成分为碳水化合物。此外，还有少量的粗蛋白质和粗脂肪，但品质较差。碳水化合物由纤维性物质和可溶性物质构成，前者包括半纤维素、纤维素和木质素等，一般用细胞壁成分（CWC）表示。秸秆中的纤维性物质用粗纤维表示，可溶性糖类用无氮浸出物示，矿物质用粗灰分表示。秸秆中很少含有维生素。表 2-5 列出了几种农作物秸秆的营养成分。

图 2-32　饲草打捆　　　　　　图 2-33　塑膜裹包饲草

表2-5　几种农作物秸秆的基本化学成分（干物质）（单位：%）

名　称	细胞内容物	细胞壁	纤维素	半纤维素	木质素	硅酸盐
小麦秸	20.0	80.0	36.0	39.0	10.0	6.0
大麦秸	19.5	80.5	26.4	43.2	7.0	
燕麦秸	26.6	73.4	16.9	46.0	10.5	3.7
玉米秸	26.0	74.0	30.0	33.0	6.8	3.8
高粱秸	26.0	74.0	30.0	31.0	11.0	3.0
玉米穗轴	17.0	83.0	41.0	35.0	8.2	1.6
玉米苞叶	19.0	81.0	43.0	31.0	5.8	1.6
稻　草	27.0	73.0	21.0	32.0	5.8	14.0
稻　壳	14.0	86.0	14.0	39.0	11.0	22.0
棉籽壳	9.0	91.0	15.0	59.0	13.1	
甘蔗渣	18.0	82.0	29.0	40.0	13.0	2.0

　　秸秆多处于植物成熟后阶段，这时植物细胞木质化的程度很高，一般在31%～45%。秸秆的主要成分是纤维，主要集中于细胞壁，细胞壁含量占70%以上，由纤维素、半纤维素、木质素组成；酸性洗涤纤维由纤维素和木质素组成。纤维素、半纤维素可在牛、羊的瘤胃中被纤维分解菌酸解，生成挥发性脂肪酸，如乙酸、丙酸、丁酸等，被牛、羊吸收作为能源利用。瘤胃中细菌不能分解木质素。秸秆中纤维素、半纤维素和木质素紧密地结合在一起，使秸秆的消化率受到影响。秸秆成熟得越老，木质化程度越高，秸秆的消化性越差。

　　秸秆的成分决定其营养价值和消化率。不同秸秆的成分和消化率是不同的，同一秸秆的不同部位也有所不同，甚至差别很大。一般来说，禾本科秸秆粗纤维的消化率比豆科秸秆高；豆科秸秆的粗蛋白，比禾本科秸秆高，但粗蛋白质的品质较差；叶的消化率高而茎的消化率低。比如，玉米秸各部位的干物质消化率茎为53.8%，叶为56.7%，芯为55.8%，苞叶为66.5%，全株为56.6%。表2-6

列出了几种不同作物秸秆的营养价值，供参考。

表 2-6　几种农作物秸秆的化学成分和营养价值（干物质）（单位：%）

秸秆种类	营养成分							消化率			
	水分	粗蛋白质	粗脂肪	粗纤维	无氮浸出物	灰分	钙	磷	粗蛋白质	粗脂肪	粗纤维	无氮浸出物
大麦秸	15	4.6	1.8	33.6	39.2	5.8	0.18	0.12	27	39	54	53
燕麦秸	15	4.0	1.9	34.3	39.0	5.8	0.21	0.11	34	31	54	46
稻草	15	4.8	1.4	25.6	39.8	2.4	0.69	0.60	46	46	57	32
黑麦秸	15	3.6	1.5	37.3	39.6	3.0	0.42	0.15	19	31	50	40
春小麦秸	15	4.4	1.5	34.2	38.9	6.0	0.32	0.08	23	31	50	37
冬小麦秸	15	4.5	1.6	36.7	36.8	5.4	0.27	0.08	17	33	50	37
大豆秸	15	5.7	2.0	38.7	39.4	4.2	1.04	0.14	50	60	38	66
豌豆秸	15	6.5	2.3	38.5	31.4	6.2	1.49	0.17	48	44	38	55
苜蓿秸	15	7.4	1.3	37.3	33.7	5.3	0.56	0.19	44	33	37	49
三叶草秸	15	5.9	2.2	41.9	29.9	4.0	0.83	0.14	44	33	37	49

秸秆饲料中蛋白质含量很低，一般为3%～6%，只能满足维持需要的65%左右。成熟阶段的植物，其营养已转移到其子实中，茎秆中有效营养成分很低，所以蛋白质含量也很低。一般豆科为8.9%～9.6%，禾本科为4.2%～6.3%，豆科比禾本科稍好，但总的来看，可消化蛋白质都很低。一般秸秆的消化率都很低，如干物质消化率稻草为40%～50%，小麦秸为45%～50%。

秸秆饲料相对营养价值低，但市场价格也较低，不失为肉牛粗饲料的补充，在购买时应详细了解其收获期与加工调制过程。如糯玉米，收获期较早，茎秆青绿，用及时加工的塑膜包裹，肉牛的消化利用率较高，可与普通青草相媲美。花生茎叶也可视为秸秆中之上品。及时收获的玉米秸秆也可作为较好的饲草。

秸秆饲料体积大，在市场流通中为便于交易与运输，应用了多种加工与包装技术。诸如秸秆压块饲料、秸秆打捆饲料，秸秆塑膜包裹等多种产品形式（图2-34）。其品质和饲用价值取决于作物的种类、收获期以及加工包装贮存工艺和过程。

图2-34　玉米秸秆压块饲料产品

三、养肉牛常用草料及特性

1.养肉牛常用草料如何分类?

肉牛的饲料按其营养特性和传统习惯分为粗饲料和精饲料两大类。而根据国际饲料命名及分类原则,分为粗饲料、青绿饲料、青贮饲料、能量饲料、蛋白质饲料、矿物质饲料、维生素饲料及添加剂饲料8大类。

在国际饲料分类的基础上,结合我国的饲料条件,实践中将饲料分成青绿饲料类、青贮饲料类、块根块茎瓜果类、干草类、农作物秸秆类、谷实类、糠麸类、豆类、饼粕类、糟渣类、草籽类、动物性饲料类、矿物质饲料类、维生素饲料类、添加剂及其他饲料类。

2.什么是青绿饲料,有什么特点?

青绿饲料系指刈割后立即饲喂的绿色植物。其含水量大多在60%以上,部分含水量可高达80%~90%。包括各种豆科和禾本科及天然野生牧草、人工栽培牧草、农作物的茎叶、藤蔓、叶菜、野菜和水生植物及枝叶饲料(图3-1至图3-4)等。

青绿饲料含有丰富、优质的粗蛋白质和多种维生素,钙、磷丰

图3-1 青绿饲料(小冠花)

图3-2 青绿饲料(紫花苜蓿)

图 3-3　青绿饲料（无芒雀麦）　　图 3-4　青绿饲料（高丹草）

富，粗纤维含量相对较低。研究表明，用优良青绿饲料饲喂肉牛，可替代一定数量的精饲料（谷实类能量饲料和饼粕类蛋白质饲料的混合饲料）。

青绿饲料的营养价值随着植物生长期的延续而下降，而干物质含量则随着植物生长期的延续而增加，其粗蛋白质相对减少，粗纤维含量相对增加，粗蛋白质等营养成分的消化率也随生长期的延续而递降。因而，青绿饲料应当适期收获利用。研究认为，兼顾产量和品质，应当在拔节期到开花期利用较为合理。此时产量较高、营养价值丰富、动物的消化利用率也较高。青绿饲料，虽然养分和消化率都较高，但由于含水量大，营养浓度低，不能作为单一的饲料喂肉牛。实践中，常用青绿饲料与青干草、青贮料同时饲喂肉牛，效果优于单独饲喂，这是因为干物质和养分的摄入量较大且稳定的缘故。

常用的青绿饲料主要有豆科的紫花苜蓿、红豆草、小冠花、沙打旺等牧草，禾本科的高丹草、黑麦草、细茎冰草、羊草以及青刈玉米等，蔬菜类主要有饲用甘蓝、胡萝卜茎叶等。

3. 什么是青贮饲料，有什么特点？

青贮是一种贮藏青饲料的方法，是将铡碎的新鲜植物，通过微生物发酵和化学作用，在密闭条件下调制而成、可以常年保存、均衡供应的青绿饲料。青贮饲料不仅可以较好地保存青饲料中的营养成分，而且由于微生物的发酵作用，产生了一定数量的酸和醇类，使饲料具有酒酸醇香味，增强了饲料的适口性，改善了动物对青饲料的消化利用率。玉米蜡熟期，大部分茎叶还是青绿色，下部仅有 2～3 片叶片枯黄，此时全株粉碎制作青贮，养分含量多。可以常年利

图 3-5   青贮饲料的机械取用

用，均衡供给，是现代养牛的主要粗饲料（图 3-5）。

近年来，由于青贮技术的发展，人们已能用禾本科、豆科或豆科与禾本科植物混播牧草制作质地优良的青贮饲料，并广泛应用于养牛生产中，收到了较好的效果。目前青贮方法、青贮添加剂、青贮设备等方面都有了明显的改进和提高。

4. 什么是粗饲料，有何特点？

粗饲料系指干物质中粗纤维含量在 18% 以上，或单位重量含能值较低的饲料统称为粗饲料。如可饲用农作物秸秆、青干草、秕壳类等。

粗饲料中蛋白质、矿物质和维生素的含量差异很大，优质豆科牧草适期收获干制而成的干草其粗蛋白质含量可达 20% 以上，禾本科牧草粗蛋白质含量一般在 6%～10%，而农作物秸秆及牧草成熟后收获、调制的干草粗蛋白质含量为 2%～4%。其他大部分粗饲料的蛋白质含量多介于 4%～20%。

粗饲料中的矿物质含量变异更大，豆科类干草是钙、镁的较好来源，磷的含量一般为中低水平，钾的含量则相当高。牧草中微量元素的含量在很大程度上取决于植物的品种、土壤、水和肥料中微量元素的含量多少。

秸秆和秕壳类粗饲料虽然营养成分含量很低，但对于牛等草食

动物来说，是重要的饲料来源。农区可饲用农作物秸秆资源丰富，合理利用这一饲料资源，是一个十分重要的问题。科学加工调制可使其营养含量及消化利用率成倍提高。

5.什么是能量饲料？

能量饲料系指饲料干物质中，粗纤维含量低于18%、粗蛋白质含量低于20%的饲料。能量饲料包括谷物子实、糠麸、糟渣、块根、块茎及糖蜜和饲料用脂肪等。对于牛，其日粮中必须有足够的能量饲料，供应瘤胃微生物发酵所需的能源，以保持瘤胃中微生物对粗纤维和氮素的利用等正常消化功能的维持。

能量饲料中的粗蛋白质含量较少，一般为10%左右，且品质多不完善，赖氨酸、色氨酸、蛋氨酸等必需氨基酸含量少，钙及可利用磷也较少，除维生素 B_1 和维生素 E 丰富外，维生素 D 以及胡萝卜素也缺乏，必须由其他饲料组分来补充。常用的能量饲料有以下几类。

（1）谷实类饲料　谷实类饲料系指禾本科作物成熟的种子，包括玉米、高粱、稻谷、小麦、大麦、燕麦等，是养肉牛生产中精饲料的主要组成部分，其主要营养成分含量列于表3-1。

表3-1　常用谷物饲料的主要养分含量

名　称	干物质（%）	粗蛋白质（%）	粗脂肪（%）	钙（%）	磷（%）	能量单位（个/千克）	
						（NND）	（RND）
玉　米	88.4	8.6	3.5	0.08	0.21	2.76	1.13
高　粱	89.3	8.7	3.3	0.09	0.28	2.47	0.98
小　麦	88.1	12.1	1.8	0.11	0.36	2.56	1.12
稻　谷	89.5	8.3	1.5	0.13	0.28	2.39	0.95
大　麦	88.8	10.8	2.0	0.12	0.29	2.47	1.00
燕　麦	90.3	11.6	5.2	0.15	0.33	2.45	0.95

谷实类饲料的主要营养特点是：

①**淀粉含量高** 谷类子实干物质中无氮浸出物含量为60%～80%，主要成分是淀粉，生产净能在7.5兆焦/千克以上。

②**蛋白质含量中等且品质较差** 谷类子实的蛋白质含量一般在10%左右，而且普遍存在氨基酸组成不平衡的问题，尤其是含硫氨基酸和赖氨酸含量低。在各种谷物中，大麦、燕麦的蛋白质质量相对较好，大麦蛋白质的赖氨酸含量为0.6%左右。

③**矿物质不平衡** 各种谷物饲料普遍存在矿物质含量低，钙含量只有0.1%左右，而且钙少磷多，数量和质量都与牛的需求差距较大。

在各种谷物中，玉米是世界各国应用最普遍的能量饲料，能量浓度最高。黄玉米的叶黄素含量丰富，平均为22毫克/千克（以干物质计）。我国每年高粱的产量在400万吨左右，高粱含有0.2%～0.5%的单宁，对适口性和蛋白质的利用率有一定的影响。所以，应用数量受到一定限制。小麦的矿物质、微量元素含量优于玉米。稻谷在饲用前应先去壳，即以糙米的形式利用。我国大麦的年产量只有300万吨左右，其蛋白质质量在谷物类中是最好的。

（2）**糠麸、糟渣类** 糠麸和糟渣类农副产品是肉牛日粮精饲料的又一组成部分，其应用量仅次于谷实类饲料。其主要营养成分列于表3-2。

表3-2　常用糠麸及糟渣类饲料的主要养分含量

品　名	干物质（%）	粗蛋白质（%）	粗脂肪（%）	钙（%）	磷（%）	能量单位（个/千克）（NND）	（RND）
米　糠	90.2	12.1	15.5	0.14	1.04	2.62	0.99
麦　麸	88.6	14.4	3.7	0.18	0.78	2.08	0.82
玉米皮	88.2	9.7	4.0	0.28	0.35	2.07	0.65
豆腐渣	11.0	3.3	0.8	0.05	0.03	0.34	1.05
玉米粉渣	15.0	1.8	0.7	0.02	0.02	0.46	1.10
马铃薯粉渣	15.0	1.0	0.4	0.06	0.04	0.33	0.78

续表 3-2

品　名	干物质（%）	粗蛋白质（%）	粗脂肪（%）	钙（%）	磷（%）	能量单位（个/千克）	
						（NND）	（RND）
玉米酒糟	21.0	4.0	2.2	0.09	0.17	0.47	0.73
高粱酒糟	37.7	9.3	4.2	0.12	0.01	1.09	1.00
啤酒糟	23.4	6.8	1.9			0.52	0.73
甜菜渣	12.2	1.4	0.1			0.25	0.88
醋　糟	23.5	3.1	1.4	0.07	0.02	0.35	0.48

①糠麸类饲料　糠麸类饲料是粮食加工的副产品，包括米糠、麦麸、玉米皮等。米糠是加工小米时分离出来的种皮和糊粉层的混合物，可消化粗纤维含量高，其能量低于谷实，但蛋白质含量略高。小麦麸是加工面粉的副产品，是由小麦的种皮、糊粉层及少量的胚和胚乳组成。麦麸含粗纤维较高，粗蛋白质含量也较高，并含有丰富的 B 族维生素。体积大，重量较轻，质地疏松，含磷、镁较高，具有轻泻性，有促进消化的功能和预防便秘的作用。特别是在母牛产后喂以麦麸水，对促进消化和防止便秘具有积极的作用。糠麸类饲料，以干物质计，其无氮浸出物含量为 45%～65%，略低于子实；蛋白质含量在 11%～17%，略高于子实。米糠粗脂肪含量在 10% 以上，能值与玉米接近，具有较高的营养价值；但易酸败、容易变质，影响适口性。在日粮中，米糠的用量最好控制在 10% 以内。麦麸的蛋白质、粗纤维含量高，质地疏松，矿物质、维生素含量也比较丰富，属于对肉牛健康有利的饲料，在肉牛日粮中的比例可达 10%～20%。玉米皮主要是玉米的种皮，营养价值相对较低，不易消化。

②糟渣类饲料　糟渣类饲料的共同特点是水分含量高，不易贮存和运输。湿喂时，一定要补充小苏打和食盐。糟渣类饲料经过干燥处理后，一般蛋白质含量在 15%～30%，属于相对比较好的饲料。玉米淀粉渣干物质的蛋白质含量可达 15%～20%，而薯

类粉渣的蛋白质含量只有 10% 左右。豆腐渣干物质的蛋白质含量高，是喂牛的好饲料，但湿喂时容易使肉牛腹泻。因此，最好煮熟后饲喂。甜菜渣含有大量有机酸，饲喂过量容易造成牛腹泻，必须根据粪便情况逐步增加用量。酒糟类饲料的蛋白质含量丰富，粗纤维含量比较高，但湿酒糟由于残留部分酒精，不宜多喂，否则容易导致流产或死胎。总之，糟渣类饲料在肉牛日粮干物质中的比例不宜超过 20%。

（3）**块根块茎类**　块根块茎类饲料的营养特点是水分含量为 70%～90%，有机物富含淀粉和糖，消化率高，适口性好，但蛋白质含量低。以干物质为基础，块根块茎类饲料的能值比子实还高，因此归入能量饲料。与此同时，这些饲料主要鲜喂，因此也可以归入青绿多汁饲料。常用的块根块茎类饲料包括甘薯、木薯、胡萝卜、马铃薯等。

①**甘薯**　甘薯的主要成分是淀粉和糖，适口性好。甘薯的干物质含量为 27%～30%。干物质中淀粉占 40%，糖分占 30% 左右，而粗蛋白质只有 4%。红色和黄色的甘薯含有丰富的胡萝卜素，含量在 60～120 毫克/千克，缺乏钙、磷。甘薯味道甜美，适口性好，煮熟后喂牛效果更好，生喂量大了容易造成腹泻。需要注意带有黑斑病的甘薯不能喂牛，否则会导致气喘病甚至致死。

②**木薯**　木薯含水分约 60%，晒干后的木薯干含无氮浸出物 78%～88%，蛋白质含量只有 2.5% 左右，铁、锌含量高。木薯块根中含有苦苷，常温条件下，在 β- 糖苷酶的作用下可生成葡萄糖、丙酮和剧毒的氢氰酸。新鲜木薯根的氢氰酸含量在 15～400 毫克/千克，而皮层的含量比肉质高 4～5 倍。因此，在实际利用时，应该注意去毒处理。日晒 2～4 天可以减少 50% 的氢氰酸，沸水煮 15 分钟可以去除 95% 以上，青贮只能去除 30%。

③**胡萝卜**　胡萝卜含有较多的糖分和大量胡萝卜素（100～250 毫克/千克），是肉牛最理想的维生素 A 来源，对繁殖母牛和育成、育肥牛都有良好的效果。胡萝卜以洗净后生喂为宜。另外，也可以

将胡萝卜切碎，与麦麸、草粉等混合后贮存。

④**马铃薯** 马铃薯的淀粉含量相对较高，但发芽的马铃薯特别是芽眼中含有龙葵素，会引起牛的胃肠炎，因而发芽的马铃薯不能用来喂牛。

6. 什么是蛋白质饲料?

按干物质计算，蛋白质含量在 20% 及其以上、粗纤维含量低于 18% 的饲料统称为蛋白质饲料。包括植物性蛋白饲料、动物性蛋白质饲料和微生物蛋白饲料。对养肉牛而言，鱼粉、肉粉等动物性蛋白饲料不允许使用，而非蛋白氮则可以归入蛋白质饲料中。

（1）**豆类子实及棉籽** 在养肉牛生产中，常用的豆类子实主要包括大豆、蚕豆、棉籽、花生、豌豆等。豆类子实的营养特点是蛋白质含量高（20%～40%），品质好。大豆、棉籽、花生的脂肪含量也很高，属于高能高蛋白饲料。

①**大豆** 大豆约含 35% 的粗蛋白质和 17% 的粗脂肪，赖氨酸含量在豆类中居首位，大豆蛋白的瘤胃降解率较高，粉碎生大豆的蛋白 80% 左右在瘤胃被降解。钙含量比较低。黑豆又名黑大豆，是大豆的一个变种，其蛋白质含量比大豆高 1%～2%，而粗脂肪低 1%～2%。大豆含有胰蛋白酶抑制因子、脲酶、外源血凝集素、致胃肠胀气因子、单宁等多种抗营养因子，生喂时要慎重，防止出现瘤胃胀气、腹泻等问题。豆类子实经过烘烤、膨化或蒸汽压片处理后，可以消除大部分抗营养因子的影响；同时增加过瘤胃蛋白的比例和所含油脂在瘤胃的惰性。

②**豌豆** 豌豆风干物质中约含粗蛋白质 24%、粗脂肪 2%。豌豆中含有比较丰富的赖氨酸，但其他氨基酸特别是含硫氨基酸的含量比较低，各种矿物质的含量也偏低。豌豆中同样含有胰蛋白酶抑制因子、外源血凝集素和致胃肠胀气因子，不宜生喂。

③**风干蚕豆** 风干蚕豆中含粗蛋白质 22%～27%，粗纤维 8%～9%，粗脂肪 1.7%。蚕豆中赖氨酸含量比谷物高 6～7 倍，但蛋氨

酸、胱氨酸含量低。蚕豆含有 0.04% 的单宁，种皮中达 0.18%。

④**棉籽**　棉籽中含粗脂肪较高，常在高产牛特别是奶牛的泌乳盛期和肉牛的强度育肥期日粮中，添加棉籽（图 3-6），以提高日粮营养浓度，补充能量、蛋白的不足。

（**2**）**饼粕类饲料**　饼粕类饲料是榨油工业的副产品，蛋白质含量在 30%～40%，属于养殖业中最主要的蛋白质补充料。常用的饼粕类饲料包括大豆饼（粕）、棉籽饼（粕）、花生饼（粕）、菜籽饼（粕）、胡麻饼（粕）、葵花仁饼（粕）、芝麻饼（粕）等。通常压榨取油后的副产品称为饼，而浸提取油后的副产品称为粕（图 3-7 至图 3-9）。

①**大豆饼粕**　大豆饼中残油量 5%～7%，蛋白质含量 40%～43%；大豆粕残油量 1%～2%，粗蛋白质含量 43%～46%。因此，大豆饼的能量价值略高于大豆粕，而蛋白质略低于大豆粕。大豆饼（粕）的质量变异较大，主要与取油加工过程中的温度、压力、时间等因素有关。大豆饼粕是肉牛优良的瘤胃可降解蛋白来源，其

图 3-6　全棉籽

图 3-7　大豆粕

图 3-8　棉籽饼粕
左：棉籽饼　右：棉籽粕

图 3-9　玉米胚芽粕

在饲料中的比例可达 20%。

②**菜籽饼粕** 菜籽饼中含有 35%～36% 粗蛋白质，7% 粗脂肪；菜籽粕中含有 37%～39% 粗蛋白质，1%～2% 粗脂肪。菜籽饼粕中富含铁、锰、锌。传统菜籽饼粕中含有一种称为致甲状腺肿素的抗营养因子和芥子酸，再加上微苦的口味，其添加量受到限制，一般要求在肉牛精饲料中的用量不能超过 10%。目前培育的双低油菜籽解决了抗营养因子的问题，在肉牛饲料中的用量可以不受限制。

③**棉籽饼粕** 棉籽饼风干物质的残油量 4%～6%，粗蛋白质 38%；棉籽粕中的残油量在 1% 以下，蛋白质 40%。棉籽饼的含硫氨基酸含量与豆饼相近，而赖氨酸含量只有豆饼的一半。一般棉籽仁中含有对动物有害的物质棉酚，经过加工后，棉籽饼粕的棉酚含量有所下降，但棉籽饼高于棉籽粕。由于瘤胃微生物对棉酚具有脱毒能力，因此棉籽饼粕在肉牛日粮中的用量可以达到 10%～20%。

④**花生饼粕** 花生仁饼是以脱壳后的花生仁为原料，经取油后的副产品。花生仁饼和花生仁粕中的粗蛋白质含量分别约为 45% 和 48%，比豆饼高 3%～5%。但蛋白质的质量不如豆饼，赖氨酸含量仅为豆饼的一半，精氨酸以外的其他必需氨基酸的含量均低于豆饼。花生饼中一般残留 4%～6% 粗脂肪，高的达 11%～12%，含能值较高。但由于残脂容易氧化，不易保存。

⑤**胡麻饼粕** 胡麻饼粕的营养价值受残油率、仁壳比、加工条件的影响较大，粗蛋白质含量在 32%～39% 之间变化。胡麻饼粕中有时含有少量菜籽或芸薹子，对动物有致甲状腺肿作用。但在添加量不超过 20% 时，可以不予考虑。亚麻中含有苦苷，经酶解后会生成氢氰酸，用量过大可能会对动物产生毒害作用。

⑥**葵花仁饼粕** 葵花仁饼粕受去壳比例影响较大，一般向日葵仁饼粕中含有 30%～32% 的壳，饼的蛋白质含量平均为 23%，粕的蛋白质含量平均为 26%，但变动范围很大（14%～45%）。由于含壳较多，其粗纤维含量在 20% 以上，因此属于能值较低的饲料。

⑦**芝麻饼粕** 芝麻饼中的残脂为 8%～11%，粗蛋白质含量在

39% 左右；芝麻粕的残脂为 2%～3%，粗蛋白质为 42%～44%，粗纤维含量 6%～10%。芝麻饼的蛋白质质量较好，蛋氨酸、赖氨酸含量均比较丰富。

⑧玉米蛋白粉 玉米蛋白粉的粗蛋白质含量在 25%～60%，其氨基酸组成特点是蛋氨酸含量高，赖氨酸含量低，是常用的非降解蛋白质补充料。由于相对密度大，应与其他大体积饲料搭配使用。

常用蛋白质饲料主要养分含量列于表 3-3。

表 3-3 常用蛋白质饲料的主要养分含量表

品 名	干物质（%）	粗蛋白质（%）	粗脂肪（%）	钙（%）	磷（%）	奶牛能量单位（NND）	（RND）
蚕 豆	88.0	24.9	1.41	0.15	0.40	2.25	
大 豆	88.0	37.0	16.2	0.27	0.48	2.76	
黑 豆	92.3	34.7	15.1	0.27	0.60	2.83	
菜籽饼	92.2	36.4	7.8	0.84	1.64	2.33	0.91
豆 饼	90.6	43.0	5.1	0.32	0.50	2.64	1.01
胡麻饼	92.0	33.1	7.5	0.58	0.77	2.44	0.94
花生饼	89.9	46.4	6.6	0.24	0.52	2.71	1.02
棉籽饼（去壳）	89.6	32.5	5.7	0.27	0.81	2.34	0.92
葵花饼（带壳）	92.5	32.1	1.2	0.29	0.84	1.57	0.66
葵花饼（去壳）	92.6	46.1	2.4	0.23	0.35	2.17	
芝麻饼	90.7	41.1	9.0	2.29	0.79	2.40	

（3）单细胞蛋白质饲料 单细胞蛋白质饲料包括酵母、真菌和藻类。饲料酵母的使用最普遍，蛋白质含量在 40%～60%，生物学效价较高。酵母饲料在肉牛日粮中的用量以 2%～5% 为宜，不得超过 10%。

市场上销售的酵母蛋白粉，大多数是以玉米蛋白粉等植物蛋白作为培养基，接种酵母。只能称为含酵母饲料。绝大多数蛋白是以植物蛋白的形式存在，与饲料酵母相比差别很大，品质很差，使用时要慎重，一般不得超过肉牛精饲料的5%。

7. 什么是非常规饲料？

反刍动物可以利用非蛋白氮作为合成蛋白质的原料。一般常用的非蛋白氮饲料包括尿素、磷酸脲、双缩脲、铵盐、糊化淀粉尿素等。由于瘤胃微生物可利用氨合成蛋白，因此饲料中可以添加一定量的非蛋白氮，但数量和使用方法需要严格控制。

目前利用最广泛的是尿素。尿素含氮47%，是碳、氮与氢化合而成的简单非蛋白质氮化物。尿素中的氮折合成粗蛋白质含量为288%，尿素的全部氮如果都被合成蛋白质，则1千克尿素相当于7千克豆饼的蛋白质当量。但真正能够被微生物利用的比例不超过1/3，由于尿素有咸味和苦味，直接混入精饲料中喂肉牛，肉牛开始有一个不适应的过程，加之尿素在瘤胃中的分解速度大于瘤胃微生物利用氮素合成菌体蛋白的速度，就会有大量尿素分解成氨进入血液，导致中毒。因此，利用尿素替代蛋白质饲料饲喂肉牛，要有一个由少到多的适应阶段，还必须是在日粮中蛋白质含量不足10%时方可加入，且用量不得超过日粮干物质的1%，成年肉牛以每头每日不超过100克为限。日粮中应含有一定比例的高能量饲料，充分搅匀，以保证瘤胃内微生物的正常繁殖和发酵。饲喂含尿素日粮时必须注意以下几点。

① 尿素的最高添加量不能超过干物质采食量的1%，而且必须逐步增加。

② 尿素必须与其他精饲料一起混合均匀后饲喂，不得单独饲喂或溶解到水中饮用。

③ 尿素只能用于6月龄以上、瘤胃发育完全的牛。

④ 饲喂尿素只有在日粮瘤胃可降解蛋白质含量不足的时候才有效，不得与含脲酶高的大豆饼（粕）一起使用。

为防止尿素中毒，近年来开发出的糊化淀粉尿素、磷酸脲、双缩脲等缓释尿素产品，其使用效果优于尿素，可以根据日粮蛋白质平衡情况适量应用。

8. 什么是矿物质饲料?

矿物质饲料系指一些营养素比较单一的饲料。肉牛需要矿物质的种类较多，但在一般饲养条件下，需要量很小。但如果缺乏或不平衡则会影响肉牛的生产性能，以至导致营养代谢病及胎儿发育不良、繁殖障碍等疾病的发生。

肉牛在生长发育和生产过程中需要多种矿物质元素。一般而言，这些元素在动、植物体内都有一定的含量，在自然牧食情况下，肉牛可采食多种饲料，往往可以相互补充而得到满足。但由于集约化饲养、限制了肉牛的采食环境，特别是生产力的大幅度提高，单从常规饲料获取已很难满足其高产的需要，必须另行添加。添加方式有预混料和矿物质舔砖（图3-10）。在养肉牛生产中，常用的矿物质饲料有以下几类。

图3-10 矿物质舔砖

（1）**食盐** 食盐的主要成分是氯化钠。大多数植物性饲料含钾多而少钠，因此以植物性饲料为主的肉牛必须补充钠盐，常以食盐补给。这样，可以满足肉牛对钠和氯的需要，同时可以平衡钾、钠比例，维持细胞活动的正常生理功能。在缺碘地区，可以加碘盐补给。

（2）**含钙的矿物质饲料** 常用的有石粉、贝壳粉、蛋壳粉等，其主要成分为碳酸钙。

这类饲料来源广，价格低。石粉是最廉价的钙源，含钙38%左右。在母牛产犊后，为了防止钙不足，也可以添加乳酸钙。

（3）**含磷的矿物质饲料** 单纯含磷的矿物质饲料并不多，且因其价格昂贵，一般不单独使用。这类饲料有磷酸二氢钠、磷酸氢二钠、磷酸钠等。

（4）含钙、磷的饲料 常用的有磷酸钙、磷酸氢钙等，它们既含钙又含磷，消化利用率相对较高，且价格适中。故在肉牛日粮中出现钙和磷同时不足的情况下，多以这类饲料补给。

9. 肉牛日粮需要提供维生素吗?

维生素分为脂溶性维生素和水溶性维生素两大类。对于肉牛而言，脂溶性维生素需要由日粮提供，而绝大多数水溶性维生素，肉牛的瘤胃微生物可以合成。而随着肉牛产量的提高，目前高产肉牛日粮中添加烟酸的情况也日趋普遍。胆碱通常被归类于 B 族维生素。在肉牛营养中，胆碱的作用包括将脂肪肝的发病率降至最低、改善神经传导和作为甲基的供体等。肉牛日粮添加胆碱有效的主要机制是，当游离脂肪酸在泌乳早期从脂肪组织动员出来形成脂蛋白时，胆碱在甘油从肝脏的转移过程中发挥作用，因为这一过程需要含有胆碱的磷脂的参与。添加胆碱还具有节省蛋氨酸的作用，否则，饲料中的蛋氨酸将用于胆碱的合成。10 克胆碱可以提供 44 克蛋氨酸所具有的甲基当量。使用低蛋氨酸日粮，可以通过补加 30克瘤胃保护的胆碱得到纠正。由于胆碱在瘤胃破坏程度高，因而应用前必须采取保护措施。

10. 什么是添加剂饲料，如何应用?

添加剂饲料主要是化学工业生产的微量元素、维生素和氨基酸等饲料。通常分为营养性添加剂和非营养性添加剂两大类。营养性添加剂包括微量元素、维生素和氨基酸等，常以预混料的形式提供；非营养性添加剂包括抗氧化剂（如 BHT、BHA 等）、促生长剂（如酵母等）、驱虫保健剂（如吡喹酮）、防霉剂（如丙酸钙、丙酸钠等），以及调味剂、香味剂等。这一类添加剂，虽然本身不具备营养作用，但可以延长饲料保质期、具有驱虫保健功能或改善饲料的适口性、提高采食量等功效。在应用过程中，必须考虑符合无公害食品生产的饲料添加剂使用准则。最好应用生物制剂，或无残留污染、无毒副作用的绿色饲料添加剂。肉牛一般禁用抗生素添加剂，同时要严格控制激素、抗生素、化学防腐剂等有害人体健康的物质进入牛产品中，严禁使用禁用药物添加剂，严格执行休药期以保证牛肉产品的质量安全。

11. 养肉牛常用的饲料添加剂有哪几种?

（1）维生素与微量元素（预混料） 按照肉牛的不同生长发育与生产阶段、生产水平的营养需要，在配制日粮时需要添加一定数量的维生素与微量元素添加剂。日粮中一般按剂量添加维生素 A、维生素 D 和维生素 E，以及铁、锌、铜、硒、碘、钴等微量元素。微量元素常用的化合物有硫酸亚铁、硫酸铜、氯化锌、硫酸锌、硫酸锰、氧化锰、亚硒酸钠、碘化钾等。

肉牛日粮中的维生素与微量元素，由于需要特殊的工艺加工和混合，一般养牛场（户）自行配制难度较大。建议以购置证照齐全的饲料生产厂家的预混料的形式供给，且随用随购，在有效期内使用，不宜长期贮存。

（2）氨基酸类添加剂 近年来的研究表明，无论是肉牛还是奶牛，与生产需要相比，小肠氨基酸也存在不平衡的问题。赖氨酸、蛋氨酸常常是最限制的氨基酸，而通过改变小肠氨基酸模式，可以提高反刍动物的生产表现和蛋白质的利用效率。

由于瘤胃微生物对氨基酸的降解作用，给肉牛补充氨基酸必须选择经过保护处理的。目前，市场上已经有过瘤胃保护赖氨酸和蛋氨酸产品。蛋氨酸羟基类似物在化学性质上与蛋氨酸一样，但能抵抗瘤胃微生物的降解。对肉牛来说，可以提高健康水平和囤肥速度。

（3）瘤胃缓冲剂 在精饲料比例高、酸性青贮饲料和糟渣类饲料用量大等情况下，肉牛的瘤胃 pH 值容易降低，导致微生物发酵受到抑制，健康受到影响。在这种情况下，添加瘤胃缓冲剂可以使瘤胃保持更利于微生物发酵的内环境，使肉牛的生产与健康正常。

常用的缓冲剂是小苏打和氧化镁，乙酸钠近年也有应用。

小苏打是缓冲剂的首选，一般认为添加量占干物质采食量的1%～1.5%，对提高产奶量和乳脂率具有良好的效果。对于高产牛，在添加小苏打的基础上，可以再添加0.3%～0.5%的氧化镁，其效果比单独使用小苏打更好。对于低产牛，没有必要添加氧化镁。乙酸钠、双乙酸钠进入瘤胃后，可以分解产生乙酸根离子，为乳脂合成提供前体，同时也对瘤胃具有缓冲作用。成年牛每天的理想添加量为50～300克。

（4）生物活性制剂　生物活性制剂包括饲用纤维素酶制剂、酵母培养物、活菌制剂等。

①饲用纤维素酶制剂　饲用纤维素酶制剂是酶粗制品，主要来自真菌、细菌和放线菌等。瘤胃微生物能分泌充足的纤维降解酶以消化饲料中的纤维素成分。所以，肉牛饲料中不建议添加纤维素酶制剂。

②酵母培养物　酵母培养物是包括活酵母细胞和用于培养酵母的培养基在内的混合物。酵母培养物经干燥后，有益于保存酵母的发酵活性。另外，酵母产品也可以来源于啤酒或白酒酵母。米曲霉和酿酒酵母是目前国内外制备酵母培养物的常用菌种。在肉牛饲料中添加酵母培养物，具有提高日粮利用率和生产水平的功能与作用。

③活菌制剂　活菌制剂即直接饲喂微生物，是一类能够维持动物胃肠道微生物区系平衡的活微生物制剂。一般可作为活菌制剂的微生物主要有芽孢杆菌、双歧杆菌、链球菌、拟杆菌、乳杆菌、消化球菌和其他一些微生物菌种。活菌制剂的剂型包括粉剂、丸剂、膏剂和液体等。活菌制剂在肉牛生产中的应用效果主要是减少应激和增强抗病能力。

（5）脲酶抑制剂　牛体内循环到达瘤胃的尿素和日粮外源添加的尿素，首先在脲酶的作用下水解为氨，然后供微生物合成蛋白时利用。由于尿素分解的速度很快，而微生物利用的速度较慢，导致尿素分解产生的氨利用率低。脲酶抑制剂可以适度抑制瘤胃脲酶的活性，从而减缓尿素释放氨的速度，使氨的产生与利用更加协调，改善微生物蛋白合成的效率。

目前，我国批准使用的反刍动物专用脲酶抑制剂为乙酰氧肟酸。在肉牛日粮中的添加量为 25～30 毫克 / 千克（按干物质计），可以使瘤胃微生物蛋白的合成效率提高 15% 以上。在添加非蛋白氮的日粮中，添加脲酶抑制剂，效果更好。

（6）**异位酸** 异位酸包括异丁酸、异戊酸和 2－甲基丁酸等，为瘤胃纤维素分解菌生长所必需。瘤胃发酵过程产生的异位酸量可能不足。所以，在肉牛日粮中添加异位酸能提高瘤胃中包括纤维分解菌在内的微生物数量，改善氮沉积量，提高纤维消化率，从而提高肉牛的生产水平。

（7）**蛋氨酸锌** 蛋氨酸锌是蛋氨酸和锌的络合物，它具有抵制瘤胃微生物降解的作用。与氧化锌相比，蛋氨酸锌中的锌具有相似的吸收率，但吸收后代谢率不同，以至于从尿中的排出量更低，血浆锌的下降速度更慢。在肉牛日粮中添加蛋氨酸锌能够提高肉牛的健康状况和生产水平。在生产条件下，蛋氨酸锌还具有硬化蹄面和减少蹄病的作用。蛋氨酸锌的添加量，一般每头每天 5～10 克，或占日粮干物质的 0.03%～0.08%。

（8）**离子载体** 莫能霉素和拉沙里霉素是用以改变瘤胃发酵类型的常用离子载体，应用于肉牛，可以提高日增重和饲料转化率。莫能霉素可以提高增重 6%～14%，而对繁殖性能、产犊过程和犊牛初生重等无任何不良影响。拉沙里霉素的作用效果与莫能霉素相同，但拉沙里霉素可以用于体重小于 180 千克以下的牛，而且开始饲喂时不影响采食量。

离子载体对于瘤胃发酵的影响必然也会影响生产性能。降低乙酸、丁酸、甲烷的产生量，而提高丙酸的产生量。丙酸产生量的提高表明动物能够合成更多的葡萄糖。在肉牛日粮中添加莫能霉素，可以明显提高肉牛的日增重。

12. 什么是预混料、浓缩料和全价精料补充料，如何区分？

一般能被动物食用又能给动物提供某种或多种营养的物质统称为饲料。饲料是畜禽生产的基础，饲料成本决定着畜牧业的经济效益。

预混料是添加剂预混合饲料的简称，它是将一种或多种微量组分（包括各种微量矿物元素、各种维生素、合成氨基酸、某些药物等添加剂）与稀释剂或载体按要求配比，均匀混合后制成的中间型配合饲料产品。预混料是全价配合饲料的重要组分。目前市售牛用预混料多为1%添加量和5%添加量两种。1%添加量的预混料可满足牛的维生素和微量元素的需要；5%添加量的预混料，通常可满足牛的维生素、微量元素及矿物质元素的需要。也就是说，如果应用的是1%添加量的预混料，在配制日粮时除考虑蛋白质饲料和能量饲料外还应考虑矿物质的添加。而应用5%预混料时，只需要考虑能量和蛋白质饲料的添加。

浓缩料则是在5%预混料的基础上又加入了蛋白质饲料，也就是全价饲料中除去能量饲料的剩余部分，主要包括蛋白质饲料、常量矿物质饲料和添加剂预混合饲料。因而，在应用浓缩饲料配制日粮时只需要添加能量饲料，亦即按要求比例加入玉米粗粉和麦麸即可。国外称浓缩料为平衡用配合饲料，也称蛋白质—维生素补充饲料。

全价精料补充料，系指除饲草等粗饲料外的精料组分的总和，采用全价精料补充料喂牛时，只要按要求投喂一定量的粗饲料后，即能全面满足牛的生长和生产对各种营养需要。

13. 什么是饲养标准，如何应用？

（1）饲养标准的概念　饲养标准是营养学家对科学试验和生产实践的总结，为生产实践中合理设计饲料提供技术依据。饲养标准分奶牛饲养标准和肉牛饲养标准。奶牛饲养标准是对奶牛所需要的各种营养物质的定额规定，肉牛饲养标准是对肉牛所需要的各种营养物质的定额规定。

饲养标准是实行科学养牛、增加产量、提高饲料利用效率、扩大牛业经济效益的基本技术依据。

饲养标准中对不同牛群包括牛品种、性别、年龄、体重、生理阶段、生产水平与目标、不同环境条件下的各种营养物质的需求量做出定额数值。提供的营养指标主要有干物质、能量、蛋白质（粗蛋白质、可消化粗蛋白质、小肠蛋白质）、粗脂肪、粗纤维、钙、磷及各种微量矿物质元素和维生素等，这些营养指标的不足和过量对牛生产性能都会产生不良影响。

（2）饲养标准的使用　根据不同牛群的不同生理特点及营养需要，按照饲养标准科学搭配草料、配制日粮。要特别注意，肉牛的能量和蛋白质的需求量，应随环境等条件变化进行调整。青年牛能量和蛋白供给不足将导致生长受阻和初情期延迟，而哺乳牛能量和蛋白供给不足，将导致产肉量下降，严重的能量和蛋白质长期不足，还可引起繁殖功能衰退，抗病力下降，甚至危及生命。

对于中低产牛，配制日粮蛋白质时，只考虑粗蛋白质即可。而高产牛对日粮蛋白质具有特殊要求，因而不仅要满足粗蛋白质的数量要求，还应考虑粗蛋白质的瘤胃降解度（即过瘤胃率）和瘤胃非降解蛋白的需要量。

肉牛的日粮需要补充维生素 A、维生素 D、维生素 E。瘤胃微生物可合成维生素 K 和 B 族维生素，因此除幼龄反刍家畜动物，一般不会缺乏这些维生素。而脂溶性维生素必须由日粮提供，在种草养肉牛生产中，日粮中有相当数量的优质饲草，一般也不会缺乏维生素 A、维生素 D、维生素 E，因为优质牧草中含有维生素 A 前体物 β－胡萝卜素和维生素 E，干草中有维生素 D，如果只喂青贮饲料或缺乏阳光照射，就需要适量添加脂溶性维生素。

肉牛饲养标准将肉牛的维持、增重、妊娠、泌乳和生长所需能量均统一采用综合净能表示。为方便应用，制定了肉牛能量单位，由于世界各国都广泛使用玉米作为主要能量资料，以1千克中等玉米饲喂肉牛所产生的综合净能（8.08兆焦）为1个肉牛能量单位，在配合日粮中可选用综合净能或肉牛能量单位其中一个指标即可。

14. 什么叫日粮，什么叫全价日粮？

日粮是指1昼夜内1头牛所采食的饲料总量，一个平衡日粮所提供的营养，按其比例和数量，可以适当地提供动物24小时的营养总量。此外，需要的营养必须包括在干物质总量中，动物在24小时内可吃完，否则不能认为日粮是平衡的。日粮是根据饲养标准所规定的各种营养物质的种类、数量和牛的不同生理与生产水平要求，以适当比例配合而成的。日粮中各种营养物质的种类、数量及其相互比例，若能满足牛不同生长发育阶段及其生产水平的营养需要，则称为平衡日粮或叫全价日粮。即按照不同牛群的瘤胃容积确定日粮总量的体积，按照营养需要确定日量的营养浓度，既能使牛采食后具有饱腹感，又能满足生长发育和预期产品产量的各种养分需求的日粮称为全价平衡日粮。牛的日粮包括精饲料和粗饲料，是草料的总和。

15. 配制日粮的原则是什么？

配制肉牛的日粮时应充分考虑以下几条原则。

（1）营养性 饲料配方的理论基础是动物营养原理，饲养标准则概括了动物营养学的基本内容，列出了正常条件下动物对各种营养物质的需要量，为制作配合饲料提供了科学依据。然而，动物对营养的需要受很多因素的影响，配合饲料时应根据当地饲料资源及饲养管理条件对饲养标准进行适当的调整，使确定的需要量更符合动物的实际，以满足饲料营养的全面性。

（2）安全性 制作配合饲料所用的原料，包括添加剂在内，必须安全当先，慎重从事。对其品质、等级等必须经过检测方能使用。发霉变质等不符合规定的原料一律禁止使用。对某些含有毒有害物质的原料应经脱毒处理或限量使用。

（3）**实用性**　制作饲料配方，要使配合日粮组成适应不同动物的消化生理特点，同时要考虑动物的采食量和适口性。保持适宜的日粮营养物质浓度与体积，既不能使动物吃不了，也不能使动物吃不饱，否则会造成营养不足或过剩。

（4）**经济性**　制作饲料配方必须保证较高的经济效益，以获得较高的市场竞争力。为此，应因地制宜，充分开发和利用当地饲料资源，选用营养价值较高的、而价格较低的饲料，尽量降低配合饲料的成本。

（5）**原料多样性**　配合日粮，饲料的种类要多样化。采用多种饲料搭配，有利于营养互补和全价性，以及动物的适口性和消化利用率。

四、肉牛场建设与牛群组建

1.肉牛场建设的场址选择有什么要求?

图4-1　肉牛场外景

图4-2　肉牛场内景

肉牛场是集中饲养肉牛的场所，是肉牛生活的小环境，也是肉牛的生产场所和生产无公害肉牛的基础，健康肉牛群的培育依赖于防疫设备和措施完善的肉牛场（图4-1、图4-2）。建场用地必须符合相关法律、法规与区域内土地使用以及新农村建设规划，场址选择不得位于《中华人民共和国畜牧法》及相关条例明令禁止的区域。

肉牛场场址的选择要有周密考虑，通盘安排和比较长远的规划。必须与农牧业发展规划、农田基本建设规划以及修建住宅等规划结合起来，必须适应于现代化养牛业的需要。所选场址的场地面积，不仅要满足当前的生产需求，而且要留有充分的发展余地。

（1）地势高燥　肉牛场应建在地势高燥、背风向阳、地下水位较低，具有缓坡的北高南低、总体平坦的地方。

（2）土质良好　土质以沙壤土为好。土质松软，透水性强，雨水、尿液不易积聚，雨后没有硬结、有利于牛舍及运动场的清洁与卫生干燥，有利于防止蹄病及其他疾病的发生。

（3）水源充足　要有充足的合乎卫生要求的水源，保证生产生活及人畜饮水。水质良好，符合国家饮用水标准。

（4）草料丰富　肉牛场生产经营所需的饲料特别是粗饲料需要量大，不宜远距离运输。肉牛场应距秸秆、青贮和干草饲料资源较近，以保证草料供应，减少运费，降低成本。

（5）交通方便　大批量饲草饲料的购入，产品和粪肥的销售，运输量很大，来往频繁，有些运输要求风雨无阻，因此肉牛场应建在交通方便的地方。

（6）利于防疫　远离主要交通要道、村镇工厂500米以外，一般交通道路300米以外。肉牛场与污染的屠宰、加工和工矿企业，特别是化工类企业间距1 000米以上。符合兽医卫生和环境卫生的要求，周围无传染源。

（7）节约土地　尽量不占或少占耕地。

2. 肉牛舍设计的原则是什么？

修建肉牛舍的目的是为了给肉牛创造适宜的生活、生产环境，保障牛的健康、生长和生产的正常运行。花较少的资金、饲料、能源和劳力，获得更多的畜产品和较高的经济效益（图4-3）。为此，设计牛舍应掌握以下原则。

图4-3　家庭牧场联栋肉牛舍建筑

（1）为肉牛创造适宜的环境　适宜的环境可以充分发挥肉牛的生产潜力，提高饲料转化率。一般来说，肉牛生产力的20%取决于品种，50％取决于饲料，30％取决于环境和管理。修建肉牛舍时，必须符合肉牛对各种环境条件的要求，包括温度、湿度、通风、光照、空气中的二氧化碳、氨、硫化氢，为肉牛创造适宜的环境。

（2）符合生产工艺要求，保证生产的顺利进行　肉牛生产工艺包括牛群的组成和周转、运送草料、饲喂、饮水、清粪等，也包括测量、称重、人工授精、消毒、疾病防治、生产护理等技术措施。修建肉牛舍必须与本场生产工艺相结合。

（3）严格卫生防疫，防止疫病传播　流行性疫病对肉牛场会形成威胁，造成经济损失。通过修建规范肉牛舍，为肉牛创造适宜环境，将会防止或减少疫病发生。此外，修建肉牛舍时还应特别注意卫生要求，以利于兽医防疫制度的执行。要根据防疫要求合理进行场地规划和建筑物布局，确定肉牛舍的朝向和间距，设置消毒设施，合理安置污物处理设施等。

（4）要做到经济合理，技术可行　在满足以上 3 项要求的前提下，肉牛舍修建还应尽量降低工程造价和设备投资，以降低生产成本，加快资金周转。因此，肉牛舍修建要尽量利用自然界的有利条件（如自然通风，自然光照等），尽量就地取材，采用当地建筑施工习惯，适当减少附属用房面积。

3. 肉牛场建筑物的配置上有什么要求？

肉牛场内建筑物的配置要因地制宜，便于管理，有利于生产，便于防疫、安全等。总体规划，合理布局。做到整齐、紧凑，土地利用率高和节约投资，经济实用。

（1）肉牛舍　肉牛舍的形式依据饲养规模和饲养方式而定。肉牛舍的建造应便于饲养管理，便于采光，便于夏季防暑，冬季防寒，便于防疫。修建肉牛舍多栋时，应采取长轴平行配置，当肉牛舍超过 4 栋时，可以 2 行并列配置，前后对齐，相距 10 米以上。

（2）运动场　运动场是供肉牛自由活动的地方，也是补饲、饮水和休息的场所。一般建于肉牛舍向阳侧。运动场面积，肉用繁殖母牛要求 15 米²/头，后备牛或育成牛要求 10 米²/头。

（3）饲料库 建造地位应选在离每栋肉牛舍的位置都较适中，而且位置稍高，即干燥通风，又利于原料的运入和成品料向各肉牛舍运输。

（4）干草棚及草库 尽可能地设在下风向地段，与周围房舍至少保持 50 米以远距离，单独建造，既防止散草影响牛舍环境美观，又要达到防火安全。

（5）青贮窖或青贮池 布局原则同饲料库。位置适中，地势较高，防止粪尿等污水入侵污染，同时要考虑物料运输方便，减小劳动强度。

（6）兽医室，病牛舍 应设在肉牛场下风头，而且相对偏僻的一角，便于隔离，减少空气和水的污染以及疾病的传播（图 4-4）。

图 4-4 肉牛场兽医室

（7）人工授精室 肉牛繁育场应设人工授精室。建于生活区和生产区之间或成母牛舍附近，便于观察肉牛的发情和进行人工授精的操作。

（8）办公室、培训室和职工宿舍 设在肉牛场之外地势较高的上风头，以防空气和水的污染及疫病传染。肉牛场门口应设门卫和人员消毒通道、车辆消毒池等。

4. 什么是肉牛，如何识别？

顾名思义，肉牛就是以生产牛肉为主产品的牛。

肉牛在体型外貌上的基本特点是：体躯低垂，四肢较短，颈短而宽，鬐甲平广宽厚，背腰平宽，胸深厚，腹部紧凑，尻部宽平，股部深厚。皮薄骨细，全身肌肉丰满，细致疏松型表现明显。从前望、侧望、上望和后望均呈"矩形"（长方形）。优良的肉牛体型应呈长方形。在比例上，前、后躯较长，中躯较短，全身显得粗短，

图 4-5　肉牛体型外貌特征

紧凑。皮肤细致，薄而松软，皮下脂肪发达，尤其是早熟的肉牛，其背、腰、尻及大腿等部位的肌肉丰满，肌肉中间夹有丰富的脂肪而形成大理石状花纹。被毛细密，富有光泽，并部分呈现卷曲状，这是优良肉牛品种的特征（图 4-5）。

　　肉牛的品种较多，不同品种肉牛的生长特点各不相同。养殖肉牛，应根据肉牛的生产目标，从品种、年龄、外貌等多方面进行选择，有利于降低饲养成本，提高生产效益。用于肉牛生产的品种主要是国内地方品种，多处于由役肉兼用体型向专门化肉牛体型培育的过渡期。而引进的国外品种则多为专用型品种，具有标准的肉用牛体型。

　　外貌是识别肉牛的重要依据。不同生产类型的牛具有不同的外貌特征，外貌是体躯结构的外部表现，内部组织器官的发育情况是构成外貌的基础。通过头、尻部等外貌表现，可以判断肉牛的健康状况、生产类型与种用质量。

　　从整体看，肉用牛外貌特点是：体躯低垂，皮薄骨细，全身肌肉丰满、疏松而匀称。从侧望、俯望、后望的轮廓都是长方砖形，整个体躯粗、短、宽、深。头部宽，颈短粗。鬐甲宽厚多肉，与背腰在同一直线上。胸宽、深，肋骨开张，肌肉凸显。背腰宽、平、直。腹部圆桶形。尻部宽、平、直而富有肌肉。腰角丰圆，不突出，坐骨端距离宽，厚实多肉。四肢上部深厚多肉，下部短而结实。四肢间距离大，肢势端正，蹄质良好。皮肤富有弹性，松软柔和。

　　从部位上看，与产肉性能密切相关的重要部位是鬐甲、背腰、前胸和尻、股等。鬐甲部如前所述，前胸饱满，突出于两前肢之间。肉垂细软而适度发达。肋稍直立而弯曲度大。两肩与胸部结合良好，无凹陷痕迹，显得十分丰满多肉。背腰宽广，平直，多肉。

中躯呈粗短圆筒形。尻部对肉牛特别重要，要求宽、平、长、直而富有肌肉。大腿宽、深厚，显得十分丰满。腰角丰圆，坐骨端距离宽，厚实多肉，连接腰角、坐骨端与飞节三点，构成丰满多肉的肉三角形。

前视：胸宽而深、鬐甲平广，肋骨弯曲，构成矩形；

侧视：颈短而宽、胸尻深厚，股后平直，构成矩形；

俯视：鬐甲宽厚、背腰宽平，尻部广阔，构成矩形；

后视：尻部平直、两腿深厚，臀肌丰满，构成矩形。

简而言之，肉牛的外貌特征可以用"五宽五厚"来概括，即额宽、颊厚、颈宽、垂厚、胸宽、肩厚、背宽、肋厚、尻宽、臀厚。

5. 什么是兼用牛？

产肉性能和产乳性能都较高的品种类群即称为肉乳兼用牛或乳肉用牛。世界上兼用牛的品种较多，而分布较广的是西门塔尔牛。

西门塔尔牛体型高大，骨骼粗壮，头大额宽，公牛角左右平伸，母牛角多向前上方弯曲。颈短、胸部宽深，背腰长且平直，肋骨开张，尻宽平，四肢结实，乳房发育良好，被毛黄白花至红白花，头、胸、腹下、四肢下部及尾帚多为白色（图4-6）。

其体尺体重如下。

成年公牛体高147厘米，体长185厘米，胸围225厘米，体重

公牛

母牛

图4-6 西门塔尔牛

1100～1200千克；

成年母牛体高137厘米，体长165厘米，胸围196厘米，体重670～800千克；

犊牛初生重40～50千克。

其生产性能如下。

西门塔尔牛产奶、产肉性能均良好。成母牛平均泌乳期285天，平均产奶量6000千克，乳脂率4.0%～4.2%。

西门塔尔牛肌肉发达，肉用性能良好，12月龄体重可达454千克，平均日增重为1596克。胴体瘦肉多，脂肪少且分布均匀，呈大理石花纹状，眼肌面积大，肉质细嫩。公牛育肥后，屠宰率可达65%，半舍饲状态下，公牛日增重1000克以上。

我国引入世界优秀西门塔尔牛后，经过30多年的选育，形成了中国西门塔尔牛新品种。其生产性能接近或达到世界西门塔尔牛水平（图4-7）。

母牛　　　　　　　　　　　公牛

图4-7　中国西门塔尔牛

中国西门塔尔牛是20世纪50年代引进欧洲西门塔尔牛，在我国饲养管理条件下，采用开放核心群育种（ONBS）技术路线，吸收了欧美多个地域的西门塔尔牛种质资源，建立并完善了开放核心群育种体系，在太行山两麓半农半牧区、皖北、豫东、苏北农区，松辽平原，科尔沁草原等地建立了平原、山区和草原3个类群。形成乳肉兼用的中国西门塔尔牛。2001 年 10 月通过国家肉用牛品种审定委员会审定，目前，核心群达 2 万头，育种区种群规模近 100万头，改良群 600 多万头。成为当前我国肉牛生产的主导品种。

中国西门塔尔牛毛色为红（黄）白花，花片分布整齐，头部呈白色或带眼圈，尾帚、四肢、肚腹为白色。角、蹄呈蜡黄色，鼻镜呈肉色。体躯宽深高大，结构匀称、体质结实、肌肉发达、被毛光亮。乳房发育良好，结构均匀紧凑。

成年公牛平均体重 1 000～1 300 千克，体高 142～150 厘米；母牛平均体重 550～800 千克，体高 130 厘米。犊牛初生重 35～45千克。

平均泌乳天数为 285 天，泌乳期产奶量平均为 4 300 千克，乳脂率 4.0%～4.2%，乳蛋白率 3.5%～3.9%。我国新疆呼图壁种牛场饲养的西门塔尔牛平均产奶量达到 6 000 千克以上，36 头高产牛泌乳期产奶量超过 8 000 千克，最高个体（第二胎）产奶量达到11 740 千克，乳脂率 4.0%。西门塔尔牛胴体瘦肉多，脂肪少，并且分布均匀，肉质较好。在良好育肥条件下，屠宰率 60% 以上，强度育肥后屠宰率可达 65%。

中国西门塔尔牛性能特征明显，遗传稳定，具有较好的适应性，耐寒、耐粗饲，分布范围广，在我国多种生态条件下，放牧、舍饲都能表现出良好的生产性能。

近年来，我国又引入了弗莱维赫牛冷冻精液和胚胎，用于改良和提升我国现有牛群的乳肉生产性能。德国弗莱维赫牛即德系西门塔尔，主要分布在德国南部的巴伐利亚州，占总群体的 80%，是德国牛育种专家经过 100 多年的系统选育而形成的乳肉兼用品系。其主要特征是：遗传稳定，母牛产奶性能好，公牛育肥能力强，耐粗饲，抗病力强（图 4-8）。据有关资料报道平均产奶量为 6 768 吨，平均乳脂率 4.15%，平均乳蛋白率为 3.50%，公牛平均出生重为 40千克，18～19 月龄体重可达 700～800 千克，平均日增重在 1 400克以上。弗莱维赫牛综合收益高，乳肉效益比为 60%：40%。母牛

公牛

母牛

良好的后驱发育

图4-8　弗莱维赫牛

产奶多、奶汁好，公牛育肥增重快，肉质等级高。同时，抗病力强、耐粗饲，适应性强。适于不同规模牛场以及农户饲养，舍饲和放牧养殖皆宜。

6. 我国主要地方良种肉牛有哪些?

我国地域广阔，地方良种黄牛品种较多，其共同特点是处于役肉兼用向专门化肉用体型的过渡期，其肉质优良，耐粗饲，适应性强，现就四大品种简介如下。

（1）秦川牛　秦川牛为中国地方良种，是中国体格高大的役肉兼用牛种之一（图4-9）。秦川牛产于陕西省关中地区，因"八百里秦川"而得名，以渭南、临潼、蒲城、富平、大荔、咸阳、兴平、乾县、礼泉、泾阳、三原、高陵、武功、扶风、岐山等15个县（市）为主产区。总头数在150万头以上。选种遵循农家谚"一

母牛

公牛

图4-9　秦川牛

长""二方""三宽""四紧""五短"的要求，这些对现代秦川牛的形成起到了重要作用。

经育肥的 18 月龄牛的平均屠宰率为 58.3%，净肉率为 50.5%。肉细嫩多汁，大理石状花纹明显。秦川牛是优秀的地方良种，是理想的杂交配套品种。

（2）**晋南牛** 原产于山西晋南，包括运城市的万荣、河津、临猗、永济、运城、夏县、闻喜、芮城、平陆，以及临汾市的侯马、曲沃、襄汾等县（市）。晋南牛是经过长期不断地人工选育而形成的地方良种。晋南牛具有适应性强、耐粗饲、抗病力强、耐热等特点（图 4-10）。

公牛　　　　　　　　　　　母牛

图 4-10　晋南牛

晋南牛的后躯发育优于秦川牛。晋南牛的犊牛初生重为 22.5～26.5 千克，成年公牛体重为 600～700 千克，成年母牛为 400～500 千克。晋南牛肌肉丰满，肉质细嫩，香味浓郁。晋南牛 18 月龄时，中等营养水平的屠宰率为 53.9%，净肉率为 40.3%；经过育肥的 18 月龄牛，屠宰率、净肉率可分别达到 59.2% 和 51.2%；经强度育肥的成年阉牛屠宰率为 62%，净肉率为 52.69%。晋南牛育肥日增重、饲料报酬、形成"大理石肉"等能力都略优于其他地方良种牛。

（3）**鲁西牛** 鲁西牛主要产于山东省西南部的菏泽和济宁两地区，北自黄河，南至黄河故道，东至运河两岸的三角地带。存栏 100 余万头。鲁西黄牛是中国中原四大牛种之一，以优质育肥性能

公牛　　　　　　　　　　母牛

图4-11　鲁西牛

著称于世（图4-11）。

在生产性能上，据屠宰测定的结果，18月龄的阉牛平均屠宰率57.2%，净肉率49.0%，骨肉比1:6.9，眼肌面积89.1厘米^2。成年牛平均屠宰率58.1%，净肉率为50.7%，眼肌面积94.2厘米^2。肌纤维细，肉质良好，脂肪分布均匀，大理石状花纹明显。

（4）南阳牛　南阳牛是中国地方良种，在中国黄牛中体格最高大。南阳牛产于河南省南阳市行河和唐河流域的平原地区，以南阳、唐河、邓县、新野、镇平、社旗、方城等7个县（市）为主产区。存栏约150多万头（图4-12）。

公牛　　　　　　　　　　母牛

图4-12　南阳牛

在生产性能上，经强度育肥的阉牛体重达510千克时宰杀，屠宰率达64.5%，净肉率达56.8%，眼肌面积95.3厘米^2。肉质细嫩，颜色鲜红，大理石状花纹明显。

7. 我国引进的肉牛品种主要有哪些?

引入我国的专门化肉牛品种较多，其共同特点是具有典型的肉用牛体型外貌特征和较高的产肉性能。现就生产中应用较多的专门化肉牛品种简介如下。

（1）夏洛莱牛　夏洛莱牛是欧洲主要的大型肉用品种牛之一，以其生长快、肉量多、体型大、耐粗放而受到国际市场的广泛欢迎（图4-13）。

图4-13　夏洛莱牛（公牛）

夏洛莱牛全身被毛为干草黄色或白色。最显著的特点是体型高大，全身肌肉特别发达，骨骼结实，体躯呈圆筒状，肌肉丰满，后臀肌肉很发达。犊牛初生重多在50千克左右，成年牛活重：公牛为1 200～1 500千克，母牛为700～800千克。

夏洛莱牛生长速度快，瘦肉产量高。在良好的饲养条件下，6月龄公犊可达250千克，母犊210千克。日增重可达1 400克。屠宰率一般为60%～70%。胴体瘦肉率为80%～85%。16月龄的育肥牛胴体重达418千克，屠宰率66.3%。

（2）利木赞牛　利木赞牛属于专门化的大型肉牛品种（图4-14）。利木赞牛初生重为35～36千克。平均公牛成年体重1 100千克，母牛600千克。公牛活重可达1 200～1 500千克，母牛达600～800千克。

图4-14　利木赞牛（公牛）

利木赞牛产肉性能高，胴体质量好，眼肌面积大，前后肢肌肉丰满，出肉率高，在肉牛市场上很有竞争力。集约饲养条件下，犊牛断奶后生长很快，10月龄体重即达408千克，周岁时体重可达480千克左右，哺乳期平均日增重为0.86～1千克；屠宰率一般为63%～70%，瘦肉率可达80%～85%。肉品质好，细嫩味美，脂肪少，瘦肉多。

图4-15　海福特牛

（3）海福特牛　海福特牛原产于英格兰西部的海福特郡，是世界上最古老的中小型早熟肉牛品种，现分布于世界上许多国家。

海福特牛成年母牛体重平均520～620千克，公牛900～1100千克；犊牛初生重28～34千克。该牛7～18月龄的平均日增重为0.8～1.3千克；良好饲养条件下，7～12月龄平均日增重可达1.04千克以上。18月龄公牛活重可达500千克以上（图4-15）。

我国曾陆续从美国引进该牛，现已分布于我国东北、西北广大地区，海杂牛一般表现体格加大，体型改善，宽度提高明显；犊牛生长快，抗病耐寒，适应性好，体躯被毛呈红色，但头、腹下和四肢部位多有白毛。

（4）安格斯牛　安格斯牛属于早熟的中小型肉牛品种。安格斯牛以被毛黑色和无角为其重要特征，故也称其为无角黑牛。而育种工作者又在培育过程中成功地培育出了红安格斯牛（图4-16、图4-17）。其共同特点是，具有现代肉牛的典型体型。安格斯牛成

图4-16　黑安格斯牛

图4-17　红安格斯牛

年公牛平均活重为700～900千克，母牛为500～600千克，犊牛平均初生重25～32千克，成年公、母牛体高分别为130.8厘米和118.9厘米。

安格斯牛具有良好的肉用性能，表现早熟，胴体品质高，出肉多。7～8月龄断奶牛可达200千克，8月龄日增重0.9～1.0千克，育肥牛12月龄可达400千克，屠宰率一般为60%～65%，肌肉大理石状花纹很好。具有适应性强，耐寒抗病。缺点是该品种牛中部分个体稍具神经质。

（5）皮埃蒙特牛　皮埃蒙特牛原产于意大利北部波河平原的皮埃蒙特地区的都灵、米兰、克里英等地，我国于1986年引进细管冻精和冻胚，用于改良我国地方品种牛，现分布于北方一带。

皮埃蒙特牛属中体型肉牛，是瘤牛的变种。体躯较长呈圆筒形，全身肌肉丰满，臀部肌肉凸出，双臀。成年公牛体高140～150厘米，体重800～1000千克；母牛体高130厘米，体重500～600千克；犊牛初生重：公牛42千克，母牛40千克（图4-18、图4-19）。

图4-18　皮埃蒙特双脊犊牛

图4-19　皮埃蒙特公牛

皮埃蒙特牛的显著特点是早期增重快，皮下脂肪少，屠宰率和瘦肉率高，饲料报酬高。0～4月龄日增重为1.3～1.4千克，周岁体重达400～500千克。屠宰率65%～72.8%，净肉率66.2%，胴体瘦肉率84.1%，骨13.6%，脂肪1.5%，平均每增重1千克耗精饲料3.1～3.5千克。皮埃蒙特牛不仅肉用性能好，且抗体外寄生虫，耐体内寄生虫，耐热，皮张质量好。

皮埃蒙特牛与我国黄牛杂交效果较好，用其作父本与南阳牛杂交，杂交一代犊牛的初生重比本地牛高25%左右。成年牛身腰加长，后臀丰满，后期生长发育明显高于其他品种，并保持了中国黄牛肉多汁、嫩度好、口感好、风味可口的特点。

图4-20　金色阿奎丹牛

（6）金色阿奎丹牛　金色阿奎丹牛原产于法国南部的山地和丘陵地带，被认定为国际优质肉牛品种，现分布于世界30多个国家，属肉乳兼用型品种，近年来引入我国（图4-20）。其外貌特征为被毛金黄色（从浅麦色至深麦色），眼睛和口、鼻周围有浅色圆圈。体躯长，肉厚，骨架轻而匀称，大腿处的肉特别厚实。母牛骨盆宽，利于产犊，且遗传性能稳定。公、母牛体躯分别达到欧洲标准最高等级的 E 级和 U 级。生产性能高，成年公牛体重 1 300～1 600 千克，母牛体重 850～1 200 千克，属大型肉牛品种之一。公、母牛屠宰净肉率均在 60% 以上，瘦肉率高，肉质好，背膘厚仅为 0.87 毫米，相当于夏洛莱牛的 1/3，大腿处和上腰部的肌肉量远高于其他品种。母牛初产年龄为 24 月龄，繁殖年限最高可达 15 年以上。初生公犊重平均 47 千克，母犊平均 44 千克，难产率极低。犊牛身体长而平，骨骼较轻，肩部、骨盆和大腿在出生后 3～4 周开始发育。山西省农业厅近年引进金色阿奎丹种公牛冷冻精液，与当地母牛杂交，初生犊牛体重为 35～40 千克，优良特性表现突出。

8. 引种（选购肉牛）时应注意些什么？

牛作为大家畜，引种投资较大，同时又是一项技术性很强的工作，因此在购买肉牛时，可聘请具有一定理论水平和实践经验丰富的技术人员一同进行，对每头牛都要认真进行外貌鉴定。确认体质健康、外貌优良、品种特征明显的方可购入，同时保证运输过程的安全。

（1）**品种特征明显**　我国饲养的肉牛品种较多，不同品种间存在一定差异，就总体而言，牛的适应能力较强，各品种肉牛及杂交改良牛都能适应不同地区的自然环境和草料条件，放牧、舍饲管理均宜。普通生产场（商品生产场），可根据生产目标结合市场价格选购，组建牛群。而为方便安排生产，同一个场应以同一个品种或类群牛为主体，以便于场舍设计、利用与生产管理。重点考虑牛只健康和年龄，幼龄牛生长发育快，利用时间长。年轻体大的肉牛应视为首选，育肥出栏周期短。

而建立种子母牛群，进行纯种繁育，则应事先确定肉牛的品种或类群，严格按照其品种特征，选购引进。如组建安格斯牛群，其被毛为黑色或红色，具有典型的腿短腰粗的肉用牛体型，且无角是其基本特征；组建西门塔尔牛群，其黄红白花、分明的被毛花片，特别是头部、四肢下部、尾帚呈白色是其主要特征，体格高大、雄健的兼用体型是其基本标志。杂毛或沙毛则多为杂种肉牛。

（2）**来自正规的肉牛场**　目前，市场供种地方较多，但一定要到正规的肉牛场或养殖基地购买。正规的供种单位一般具有权威机构颁发的畜禽良种生产经营许可证，具有详细的生产记录，拥有较好的生产基地及优良的售后服务。正规场家提供的牛只，品种纯、质量好、生产性能高。正规的供种单位或肉牛场一般证照齐全，具有固定饲养场所，固定建筑物，且配套机械设备齐全，从事肉牛生产的历史较长，经验丰富，可以借鉴。

（3）**档案资料健全**　我国已经实行良种登记制度，因而购买种子母牛时要查阅和索要肉牛的个体档案。正规的肉牛场对每头肉牛都有详细的档案材料。查阅档案包括两个方面：一是档案的有无和真伪，二是档案记录的内容是否完整。一个完整的档案材料应包括肉牛的系谱、出生日期，特别是其祖代的健康状况和生产成绩等。通过肉牛的档案材料，既可基本了解肉牛的品质优劣，又可看出供牛单位的管理水平。

（4）货比三家，优中选优　购买肉牛时要多考察、了解一些供牛单位，争取做到货比三家。这样挑选的余地大，可以选购到较理想的牛。在我国目前市场经济体制尚不健全的条件下，有些人乘"牛热"，临时搭车，半路出家，进行炒种。他们收购一些牛，大肆宣传、半路拉客，遇购牛者，立即出售，这些牛往往质量差、品种杂、产量低，甚至是病牛或失去利用价值的牛。这些炒牛者多证照不全、无固定饲养场地，棚舍多临时搭建，配套设施不全，从业时间较短。

（5）检疫和防疫　购牛时一定要通过检疫部门对所购牛只进行检疫，检疫的疾病一般包括：结核病、布鲁氏菌病、口蹄疫等。要了解肉牛以往的防疫情况，购牛时不应进行防疫注射，因防疫注射后2周内不宜进行长途运输。新购回的肉牛也不宜立即进行防疫注射，要使其适应1～2周后再行注射。

9. 怎样判别肉牛的年龄？

肉牛的年龄是评定其经济价值的重要指标，也是进行饲养管理、繁殖配种的重要依据。饲养者若从外地购买肉牛，在没有详细档案资料的情况下，鉴定肉牛的年龄可根据外貌、角轮和牙齿进行估测。其中，以牙齿的鉴别较为可靠。

（1）牛龄的外貌鉴别

①青年牛　一般被毛光亮，有光泽，粗硬适度，皮肤柔软而富有弹性，眼盂饱满，目光明亮，举止活泼而富有生气。

②老年牛　皮肤干枯，被毛粗刚，缺乏光泽，眼盂凹陷，目光呆滞，眼圈上皱纹多并混生白毛，行动迟钝。

根据这些特征，可大致判定肉牛的年龄段。要鉴别肉牛的准确年龄，可参考其他方法，进行综合判定。

（2）牛龄的角轮判别　在通常的肉牛养殖中，角轮法鉴定年龄，主要适用于牧区肉牛。母牛在妊娠期，特别是妊娠后半期，胎儿发育速度快，常造成营养不足而影响角组织的生长，在角的表面形成一轮凹陷，叫角轮。通常母牛每产1犊出现1个明显的角轮。

在牧区随季节变化，盛草期、枯草期的交替变化，特别是晚冬、早春季节营养匮乏，会使放牧肉牛只形成一年一个的较浅角轮。这样根据角轮数量便可以判别肉牛的大致年龄和胎次。其计算方法是母牛年龄＝该牛初次产犊年龄＋角轮数。通常母牛多在 2 岁半或 3 岁首次产犊。但由于空怀、流产、饲料供给及疾病等因素的影响，这种方法并不十分准确。

（3）根据牙齿鉴别牛龄　以牙齿的磨损情况为依据进行年龄鉴别是应用比较广泛的方法。肉牛的牙齿分为乳齿和永久齿两大类，乳齿有 20 枚，永久齿 32 枚，乳齿和永久齿均没有上门齿和犬齿。乳齿还缺乏后臼齿。乳齿与永久齿在颜色、形态等方面有明显区别，肉牛的牙齿具有特定的结构，切齿如铲状，分齿冠、齿颈和齿根 3 部分。乳齿的发生、脱换和永久齿的磨损有一定的规律。

犊牛出生时，第一对门齿就已长成，此后 3 月龄左右，其他 3 对门齿也陆续长齐。1.5 岁左右，第一对乳齿开始脱换成永久齿，此后每年按序脱换 1 对乳门齿，永久齿则不脱换，到 5 岁时，4 对乳门齿全部换成永久齿，此时俗称"齐口"。在肉牛的牙齿脱换过程中，新长成牙的牙面也同时开始磨损，5 岁以后的年龄鉴别，主要根据牙齿的磨损规律进行判断。通常情况下，3 月龄时，乳切齿磨蚀不明显，乳隅齿已长齐。6 月龄时，乳钳齿和乳内中间齿已磨蚀，有时乳外中间齿和乳隅齿也开始磨蚀。1 岁时，乳钳齿的齿面已全部磨光，其他切齿也有显著的磨蚀。1.5 岁时，乳钳齿已显著变短，并开始动摇，乳内中间齿和乳外中间齿的齿面已磨光，乳隅齿的齿面也接近磨光。到 1 岁半以后，乳钳齿脱落。2 岁左右，第一对永久齿（钳齿）生长发育完全，并开始磨蚀。2.5 岁左右，乳内中间齿发生动摇或脱落成永久性齿。3 岁左右永久性内中间齿已生长整齐。3 岁半左右，乳外中间齿脱换成永久性齿。4 岁左右，外中间齿已生长整齐，并开始轻度磨蚀。4 岁半乳隅齿脱换成永久齿。5 岁左右切齿更换齐全。6 岁时，钳齿与内中间齿的齿线，显著显露，外中间齿稍有显露，钳齿的齿面呈长方形或月牙形。7 岁时，钳齿齿峰开始变钝，齿面出现不规则三角形，但在后缘仍留下形似燕尾的小角，这时切齿的齿线和牙斑全部清晰可见。8岁时，钳齿齿面呈四边形或不等边形，齿峰显著变钝，并平于齿面，内中间齿齿峰开始变钝，齿面出现不正三角形，齿线明显，外中间齿齿面出现月牙形。9岁时，钳齿齿龈开始萎缩，牙斑开始消失，齿面凹陷，并向圆形过渡。内中间齿齿峰显著变钝，并平于齿面，齿面出现四边形或不等边形。外中间齿齿面呈不正三角形，齿峰转钝，隅齿齿面呈月牙形。到10岁时，钳齿齿峰开始低于齿面，齿面近圆形。牙斑消失，齿星出现；内中间齿齿面向圆形过渡，齿龈开始萎缩，牙斑开始消失，外中间齿齿峰显著变钝，并平于齿面，齿面呈四边形或不等边形，隅齿齿面呈不正三角形，齿峰变钝。10岁以后，肉牛的年龄鉴定在生产上已无实际意义。由于牛所处的环境条件、饲养管理状况、营养水平及畸形齿等的影响，牙齿常有不规则磨损，在进行年龄鉴别时，必须根据具体情况，结合年龄鉴别的其他方法，综合进行判断。

简单地说，肉牛1.5岁开始换牙，肉牛的牙由萌生到长成正常大小一般需要半年时间，因而可推算为：2岁1对牙，3岁2对牙，4岁3对牙，5岁4对牙（又称新齐口）。以后则根据磨损情况判断。牛不同年龄的牙齿变化规律见表4-1。

表4-1 肉牛不同年龄牙齿变化规律表

年　龄	门齿（钳齿）	内中间齿	外中间齿	隅　齿
初　生	乳齿已生	乳齿已生	乳齿已生	
6月龄	磨	磨	磨	微　磨
周　岁	重　磨	较重磨	较重磨	磨
1.5～2岁	更　换			
2～3岁	长　齐	更　换		
3～3.5岁	轻　磨	长　齐	更　换	
4～4.5岁	磨	轻　磨	长　齐	更　换

续表 4-1

年　龄	门齿（钳齿）	内中间齿	外中间齿	隅　齿
5 岁	重　磨	磨	轻　磨	长　齐
6 岁	横　椭	重　磨	磨	轻　磨
6.5 岁	横椭（大）	横　椭	重　磨	磨
7 岁	近　方	横椭（大）	横　椭	重　磨
7.5 岁	近　方	横椭（大）	横椭（大）	横　椭
8 岁	方	近　方	横椭（大）	横椭（大）
9 岁	方	方	近　方	横椭（大）
10 岁	圆	近　圆	方	近　方
11 岁	三　角	圆	方	方
12 岁	近椭圆	三　角	圆	圆

10. 如何测量肉牛的体尺和估算肉牛的体重？

在肉牛的选购及饲养管理过程中，往往需要掌握肉牛的体重。肉牛的体重以实际称量最为准确。然而肉牛是大家畜，实践中往往受条件所限，实际称量难度较大。大多通过体尺测量的方法，进行体重估算。肉牛的基本体尺通常测量 4 项，即体高、体斜长、胸围和管围（图 4-21）。

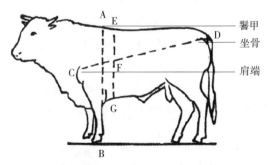

图 4-21　肉牛体尺测量示意图

体高：即由鬐甲最高点至地面的垂直距离。见图4-21之A-B；

体斜长：即由肩端至坐骨端的软尺长度。见图4-21之C-D；

胸围：即由肩胛骨后缘垂直体轴绕胸一周的周长。见图4-21之E-G；

管围：管骨最细处的周长，一般在左前腿胫骨由下向上1/3处测量。

通常采用肉牛的体斜长和胸围进行体重估算，具体方法为：

6～12月龄：体重（千克）＝[胸围（米）]^2×体斜长（米）×98.7

16～18月龄：体重（千克）＝[胸围（米）]^2×体斜长（米）×87.5

乳肉兼用牛：体重（千克）＝[胸围（米）]^2×体斜长（米）×87.5

地方良种牛：体重（千克）＝[胸围（厘米）]^2×体斜长（厘米）÷10 800

需要说明的是，肉牛的体重与个体肥瘦关系较大，实际测量体尺时，一定要让肉牛站在平坦的地面上，并站正姿势，以保证体尺测量数据的准确，估算体重时，可根据个体肥瘦，适当加减。

11. 牛群怎样划分？

为便于饲养管理，通常对肉牛生长发育过程划分为3个阶段，即犊牛阶段、育成牛阶段和成年母牛阶段。犊牛和育成牛又统称为后备牛。一般哺乳期称作犊牛，即出生到6月龄。而随着科学的发展，饲养条件和环境不断改善，目前多采用100日龄断奶，而犊牛期仍为出生到6月龄；7月龄到第一个分娩期之前统称为育成牛阶段；第一胎分娩后，进入成母牛群，或称成母牛阶段。目前，由于细化管理的需要，把妊娠后的育成牛又称为青年母牛。亦即犊牛（出生至6月龄）、育成牛（7月龄至孕前）、青年牛（第一次妊娠至产犊）、成年母牛（第一次产犊之后）。

12. 什么是牛群结构，如何制定？

牛群结构是指群体中不同性别、不同年龄的构成情况。牛场饲养各类群牛的头数占总存栏头数的百分比称为规模化牛场的牛群结构。合理的牛群结构，是规模化牛场规划和建设设计的前提，也是指导牛场生产管理和牛群周转的关键环节，牛群结构的好坏，直接影响到牛场的经济效益。要使牛场稳产、高产，牛群必须逐渐更新，各年龄段的牛头数要有合适的比例，才能充分发挥出其生产能力。

肉牛业可持续发展的基础是牛源基地建设，肉牛场或养殖基地牛群结构中，适繁母牛的比例应保持在45%～50%，半放牧半舍饲地区，适繁母牛的比例应更高一些。饲草料丰富、育肥条件较好的地区，适繁母牛也至少应保持在30%以上。

牛群结构及年周转计划必须考虑肉牛场的性质。在一般情况下，以育种为目的的肉牛场，成年母牛在牛群中的比例不宜大于50%；以泌乳为目的的兼用牛场，则成年母牛在牛群中占的比例可达60%或更高。过高或过低均会影响肉牛场的经济效益。但发展中的牛场，成年肉牛与后备牛的比例暂时失调也是正常的。

13. 什么是全混合日粮，有哪些优越性？

所谓全混合日粮（TMR）是指根据不同牛群的营养需要和配方，将粗饲料、精饲料及矿物质、维生素以及各种添加剂在特制的饲料搅拌喂料车内充分混合成的一种营养平衡的日粮，也称为全价日粮（CR）。

与常规饲养模式相比，应用全混合日粮具有如下优点：①可以大幅度提高劳动效率。②能够保证饲料的平稳和采食的均衡，有效避免牛挑食造成的养分摄入不均。③能够增加个体采食量，提高生产性能。④有利于减少代谢病发生，维护牛群健康。

14. 应用全混合日粮应注意些什么？

全混合日粮简称TMR，应用TMR日粮，必须采用相应的管理措施，方能达到预期效果。

第一，严格控制原辅材料品质，全混合日粮的质量直接取决于所使用的各饲料组分的质量。

第二，正确估测肉牛对 TMR 的干物质采食量。科学设计日粮中营养物质的浓度。

第三，TMR 的构成及营养物质含量应保持相对稳定，必要时变化不应超过 15%。日粮组分变化时应有最低一周的过渡期。

第四，合理分群。一个 TMR 组内的个体牛其生产阶段、饲养目标一致，年龄相近，体重差异应控制在 50 千克以内。

第五，肉牛生产中 TMR 每天投料至少 2 次，有利于增加干物质采食量。TMR 的适宜供给量应略大于牛群采食量。

15. 应用肉牛全混合日粮增产增收案例

目前，全混合日粮（TMR）技术在我国奶牛生产中已广泛应用，对提高奶牛群生产性能、改善牛群健康等方面效果极为显著，但在我国肉牛生产中，TMR 技术应用尚处于起步阶段，仅应用于较大规模的肉牛养殖场。

（1）技术要点

①**配方设计及原料选择** 根据养殖场饲草资源和育肥牛、母牛、年龄、体重等设计日粮配方，日粮种类可以多种多样。粗饲料主要包括：青贮饲料、青干草、青绿饲料、农副产品、糟渣类饲料等。精饲料主要包括：玉米、麦类谷物、饼粕类、预混料等。

②**加工制作方法** 人工加工制作：将配制好的精饲料与定量的粗饲料（干草应铡短至 2～3 厘米），经过人工方法多次掺拌至混合均匀。加工过程中，应视粗饲料的水分多少加入适量的水（TMR 的最佳含水量为 40%～45%）。

机械加工：a. 应用全混合日粮（TMR）专用加工设备，按日粮配方设计，将干草、青贮饲料、农副产品和精饲料等原料，按照"先干后湿，先轻后重，先粗后精"的顺序投入到设备中。b. 通常适宜装载量占设备总容积的 60%～75%。c. 采用边投料边搅拌的方式，通常在最后 1 批原料加完后再混合 4～8 分钟完成，原则是确保搅拌后日粮中大于 4 厘米长纤维粗饲料占 TMR 的 15%～20%。

d. 注意事项：检查电子计量仪的准确性，确保各种原料的足量添加；添加原料过程中，防止铁器、石块、包装绳等杂物混入搅拌车。

③**效果评价**

外观评价：精粗饲料混合均匀，新鲜不发热、无异味，柔软不结块。

水分要求：最佳含水量 40%～45%。

质量要求：混合均匀，无杂物，水分适宜。

④**投喂方法**　牵引式或自走式 TMR 机：使用专用机械设备自动投喂。固定式 TMR 混合机：将加工好的 TMR，采用专用投料设备进行投喂或用农用车转运至牛舍，由人工进行投喂，但应尽量减少转运次数。每日投料 2 次，可按照日喂量的 50% 分早、晚进行投喂，也可按照早 60%、晚 40% 的比例进行投喂。均匀投放于肉牛饲槽。

⑤**饲料与管理**　原料保证优质、营养丰富。混合好的饲料应保持新鲜，发热、发霉的剩料应及时清出，并给予补饲。肉牛采食完饲料后，应及时将饲槽清理干净，并给予充足、清洁的饮水。

（2）**注意事项**　①肉牛舍建设应适合全混合日粮车通行的设计参数要求。②制作 TMR，饲料原料需多样化。③准确称量各种饲料原料，按日粮配方进行加工制作。④控制日粮适宜的含水量。⑤根据肉牛不同年龄、体重进行合理分群饲养。⑥准确计算肉牛的干物质采食量，适时调整 TMR 的投喂量，每次投料前，饲槽中应保持 3%～5% 的剩料。

（3）**适宜区域**　全国各地具备条件的肉牛场及养牛户均可以使用，养牛户可采用手工掺拌方法或使用简单机械进行混合加工与饲喂；养殖数量大的规模肉牛养殖场，可使用专用设备进行加工与饲喂。

（4）**增产增效情况**

近年来，山西省农业科学院畜牧兽医研究所，在和顺县示范推广应用肉牛全混合日粮饲养管理技术，有效提高了肉牛的采食量，明显降低消化系统疾病，显著提高了饲料转化率和肉牛日增重。最近试验结果表明，应用该技术，育肥太行类群牛。150头肉牛，育肥期150天，平均日增重1324克，比应用前平均日增重1185克，提高11.7%。与同场同样饲料、常规投喂的对照组50头育肥牛日增重1234克相比，日增重平均提高7.3%，增产增收效果明显。

五、肉牛的饲养管理

1. 怎样计算肉牛的干物质采食量？

干物质采食量是配制肉牛日粮的重要参数。肉牛的干物质采食量受体重、日增重、饲料能量浓度、日粮类型、饲料加工、饲养方式和气候条件等多因素的影响。在实际生产中，可结合草料资源条件，参照饲养标准，科学搭配青、干草料，调整日粮水分含量和营养浓度，满足肉牛的干物质需要。

我国肉牛饲养标准（2000）推荐的计算式为：

$$干物质采食量（千克）=0.062W^{0.75}+$$
$$（1.5296+0.00371W）×日增重（千克）$$

式中：W 为体重（千克），$W^{0.75}$ 为代谢体重（千克）。

例如，按该式计算，300 千克体重，日增重 1 千克的干物质采食量为 6.22 千克。

肉牛的不同生理生产阶段，干物质的采食量也存在一定差异，根据国内饲养试验结果，参考计算公式如下。

（1）生长育肥牛干物质采食量

$$DMI（千克/日）=0.062W^{0.75}+（1.5296+0.00371×W）×\Delta W$$

（2）妊娠后期母牛干物质采食量

$$DMI（千克/日）=0.062W^{0.75}+（0.790+0.005587×t）$$

式中：W 表示体重（千克），ΔW 表示日增重（千克），t 为妊娠天数。

2. 肉牛干物质采食量主要受哪些因素影响?

干物质采食量的影响因素主要有牛的活重、年龄、日粮精、粗比例、环境温度及应激因素、粗料品质及加工等。其中以体重和年龄为主要因素,其他为次要因素。

（1）体重　按体重计算架子牛日粮干物质采食量为体重的2%～2.5%,个别补偿生长时可达3%～3.5%。精饲料喂量按体重的0.8%～1.5%供给,粗饲料采取多样搭配,每天可喂白酒糟6～10千克、玉米黄贮5千克,氨化处理秸秆5千克。

（2）年龄　年龄小每单位体重采食量大,而随着年龄的增加,采食干物质量逐步下降。

（3）日粮精粗比例　日粮精饲料水平越高,其能量浓度越大,则干物质采食量逐步减少。当精饲料占45%,粗饲料占55%时,肉牛的干物质采食量最大。

（4）环境及应激因素　环境温度高于25℃和低于-15℃时都会使肉牛干物质采食量减少。其他应激因素如大雨天、地面泥泞、发生疾病等也会使肉牛采食量下降。

（5）肉牛日增重　肉牛日增重高则采食量增加,增重低则采食量下降。

（6）饲料加工与饲喂　粗饲料品种的选择,以各地粗饲料生产条件而定,一般选择规律（顺序）:干草、玉米秸、稻草、麦秸。粗饲料饲喂时必须加工处理,以提高其采食量和消化率。

3. 什么是肉牛日粮,配制肉牛日粮的原则是什么?

肉牛的日粮是指肉牛每昼夜所采食的精饲料和粗饲料的总量。肉牛日粮配合的原则如下。

（1）满足营养需要　根据肉牛饲养标准的规定,按照肉牛的不同性别、年龄、体重、日增重和所处不同生理阶段对各种营养物质的要求,搭配草料、满足需要。

（2）**因地制宜、就地取材**　选择饲料种类要从当地饲料资源出发，因地制宜，就地取材。兼顾营养需要和饲养成本。

（3）**日粮组成多样化**　尽可能多种草料搭配，营养齐全。青、干饲草搭配，既要提高日粮适口性，增加采食量。又有利于营养互补和提高营养浓度。

（4）**原料新鲜、卫生**　组成肉牛日粮的饲料要新鲜，保证品质好，没有发霉、腐败变质，没有农药和其他有害物质污染，不能从疫区选购饲料。

（5）**有利于提高产品质量**　在配合肥育肉牛日粮时，所选用的饲草料要考虑对牛肉、牛奶品质的影响。特别是对肌肉、脂肪颜色等品质的影响。

4.如何饲养肉犊牛？

犊牛是指生后到 6 月龄的小牛。犊牛饲养管理的正确与否，对牛成年体型、采食粗饲料的能力及成年期后的繁殖性能都有极其重要的影响。因此，加强犊牛的饲养管理非常重要。

（1）**新生犊牛护理**　新生犊牛即由母体刚娩出的犊牛，此期间犊牛由母体内到外界，其生存环境、生活方式发生了翻天覆地的变化，为使其尽快适应新的生存环境或方式、健康成活并发挥其固有的生产性能，需要进行必要的护理。

①**清除黏液**　犊牛出生后，立即用清洁的软布擦净鼻腔、口腔及其周围的黏液。对于倒生的犊牛，如果发现已经停止了呼吸，则应尽快两人合作，抓住犊牛后肢将其倒提起来，拍打胸部、脊背，以便把吸到气管里的胎水咳出，使其恢复正常呼吸。随后，让母牛舔舐犊牛 3～10 分钟（根据季节决定，一般夏季时间长一些，冬季时间短一些），以利于犊牛体表干燥和母牛排出胎衣；然后，把犊牛被毛上的黏液清除干净。

②**断脐与脐部消毒**　在离犊牛腹部约 10 厘米处握紧脐带，用大拇指和食指用力揉搓脐带 1～2 分钟，然后，用消毒的剪刀在经

揉搓部位远离腹部的一侧把脐带剪断，无须包扎或结扎，用5%碘酒浸泡消毒脐带断口即可。

③辅助犊牛哺食初乳 犊牛出生后，应尽早哺食初乳，必要时进行人工辅助。保证犊牛在出生后较短的时间内能吃到足量的初乳。

（2）新生犊牛分阶段饲养

①初生期的饲养 犊牛生后7～10天以内称为初生期。

小牛出生后，应尽快吃上初乳（母牛产后5～7天之内所分泌的乳称为初乳），通常情况在出生后半小时左右吃上初乳比较好。第一次让小牛吃足初乳。肉用犊牛一般采取随母哺乳。每天分3次哺喂，每次哺乳后1～2小时，应补饮温开水1次。

②哺乳期饲养 犊牛经过3～5天的初乳期之后，即可随母自由哺食常乳，进入哺乳期饲养。哺乳方法有两种，一种为人工哺乳，一种为自然哺乳。

随母哺乳是肉犊牛经济有效的饲养方法。而规模化饲养场，为统一管理，特别是从奶牛场回收的奶公犊牛，多采用保姆牛哺育法。

保姆牛哺育：采用保姆牛换群饲养犊牛的方法是天然哺育法的一种。采取此法时，在新生犊牛初乳哺育结束后立即跟随保姆牛。一方面要注意选择健康、无病及具有安静气质、产奶能力较强、乳房及乳头健康的母牛作为保姆牛；另一方面要选择好哺育犊牛，每群犊牛体重、年龄、气质要比较接近（原则上日龄差异不超过10天、体重差异不超过10千克）。

（3）哺乳后期饲养管理 哺乳期犊牛采用随母哺乳的形式饲养，以节约工时。而哺乳后期采取散栏饲养，自由采食，自由饮水，但应保证饮水和饲料的新鲜、清洁卫生。注意保持犊牛舍清洁、干燥、定期消毒。每天保证犊牛不少于2小时的户外运动。夏天要避开中午太阳强烈的时候；冬天要避开阴冷天气，最好利用中午较暖和的时间进行户外运动。

（4）称重记录　称量犊牛初生重、月龄重以及各阶段的体尺体重，并做好详细记录。对生长发育缓慢的犊牛要找出原因。同时，定期测定体尺，根据体尺和体重来评定犊牛生长发育的好坏。

5. 犊牛一般在什么时候补喂草料？

犊牛补饲草料，通常认为越早越好。

（1）干草　犊牛从7～10天开始，便训练其采食干草。

（2）精饲料　犊牛出生后15～20天开始训练其采食精饲料。

（3）多汁饲料　从出生后20天开始，在混合精料中可加入切碎的胡萝卜等多汁饲料，以促进消化器官的发育。

（4）青贮饲料　从2月龄开始喂给，最初每天100～150克，3月龄时可喂到1.5～2千克，4～6月龄增至4～5千克。

（5）饮水　牛奶中的含水量不能满足正常代谢的需要，因此必须训练犊牛尽早饮水。

（6）补喂抗生素　为了预防犊牛腹泻，可在补饲过程中加入适当的抗生素。

6. 怎样进行犊牛早期断奶？

犊牛哺乳期的长短和哺乳量因培育方向、所处的环境条件、饲养条件不同，各地不尽一致。实行犊牛早期断奶，对奶牛来说，可增加上市奶量，降低培育成本。对肉牛而言，有利于提高肉母牛的繁殖产犊率，便于牛群的组织管理。

（1）早期断奶时间的确定　一般日采食犊牛料达0.5～1千克时即可安全断奶，上半年出生的犊牛约80天可断奶，下半年出生的约100天可断奶。

（2）断奶方法　1～5日龄喂足初乳，6～30日龄每日哺乳3次，31～50日龄每天哺乳2次，50日龄后每天哺乳1次。30日龄后让犊牛自由采食犊牛料和优质青干草。到达断奶日，停止哺乳。

7. 什么是犊牛管理中的"三勤""三净"和"四看"?

为保证犊牛的健康和正常生长发育,在犊牛管理上必须做到"三勤""三净"和"四看"。

(1)"三勤" 即勤打扫,勤换垫草,勤观察。并做到三观察,即"哺乳时观察食欲、运动时观察精神、扫地时观察粪便"。健康犊牛一般表现为机灵、眼睛明亮,耳朵竖立、被毛光亮,否则就有生病的可能。其次注意观察粪便的颜色和黏稠度及肛门周围和后躯有无粪染脱毛现象,粪染可能是营养失调而导致腹泻。另外,还应观察脐带,如果脐带发热肿胀,可能患有急性脐带感染,严重的脐炎会引起败血症。

(2)"三净" 即饲料净、牛体净和工具净。

①**饲料净** 是指牛饲料不能有发霉变质和冰冻结块现象,不能含有铁丝、铁钉、牛毛、粪便等杂质。商品配合料超过保质期禁用,自制混合料要现喂现配。夏天气温高时,饲料拌水后放置时间不宜过长。

②**牛体净** 就是保证犊牛不被污泥浊水和粪便等黏染,减少疾病发生。坚持每天1~2次刷拭牛体,促进牛体健康和皮肤发育,减少体内、外寄生虫病。刷拭时可用软毛刷,必要时辅以硬质刷子,但用劲宜轻,不能损伤皮肤。冬天牛床和运动场上要铺放麦秸、稻(麦)壳或锯末等褥草垫物。夏季运动场宜干燥、遮阴,并且通风良好。

③**工具净** 是指喂奶和喂料工具要讲究卫生。如果用具脏,极易引起犊牛消化不良、腹泻、膨气等病症。所以,每次用完的奶具、补料槽、饮水槽等一定要洗刷干净,保持清洁。

(3)"四看" 即看饲槽、看粪便、看食相、看肚腹。

①**看饲槽** 牛犊没吃净饲槽内的饲料就抬头慢慢走开,说明喂料量过多;如饲槽底和壁上只留下像地图一样的料渣舔迹,说明喂料量适中;如果槽内被舔得干干净净,说明喂料量不足。

②**看粪便**　牛犊排粪量日渐增多，粪条比吃纯奶时质粗稍稠，说明喂料量正常。随着喂料量的增加，牛犊排粪时间形成新的规律，多在每天早、晚两次喂料前排便。粪块呈多团块融在一起的叠痕，像成年牛牛粪一样油光发亮但发软。如果牛犊排出的粪便形状如粥样，说明喂料过量。如果牛犊排出的粪便像泔水一样稀，并且臀部沾有湿粪，说明喂料量太大，或料水太凉。要及时调整，确保犊牛代谢正常。

③**看食相**　牛犊对固定的喂食时间 10 多天就可形成条件反射，每天一到喂食时间，牛犊就跑过来寻食，说明喂食正常。如果牛犊吃净食料后，向饲养员徘徊张望，不肯离去，说明喂料不足。喂料时，牛犊不愿到槽前来，饲养员呼唤也不理会，说明上次喂料过多，或有其他问题。

④**看肚腹**　喂食时如果牛犊腹陷很明显，不肯到槽前采食，说明牛犊可能受凉感冒，或患了伤食症。如果牛犊腹陷很明显，食欲反应也强烈，但到饲槽前只是闻闻，一会儿就走开，这说明饲料变换太大不适口，或料水温度过高过低。如果牛犊肚腹膨大，不采食说明上次采食过量，可停喂 1 次或限制采食量。

8. 育成牛的饲养管理要点有哪些？

育成母牛培育的任务是保证母牛正常的生长发育和适时配种。发育正常、健康体壮、体型优良的育成母牛是提高牛群质量、适时配种的基础。育成期是母牛体尺和体重快速增加的时期，饲养管理不当会导致母牛体躯狭浅、四肢细高，达不到培育的预期要求，从而影响以后的繁殖生产和利用年限。育成期良好的饲养管理可以部分补偿犊牛期受到的生长抑制。因此，应高度重视育成期母牛的饲养管理。

育成母牛的性器官和第二性征发育很快，至 12 月龄已经达到性成熟。同时，消化系统特别是瘤网胃的体积迅速增大，到配种前瘤网胃容积比 6 月龄增大 1 倍多，瘤网胃占总胃容积的比例接近成年牛。因此，要提供合理的饲养，既要保证饲料有足够的营养物质，以获得较高的日增重；又要具有一定的容积，以促进瘤网胃的发育。

9. 如何进行青年牛的饲养管理？

青年牛即妊娠育成牛。母牛配种后，对不发情的牛应在配种后20～30天和90天进行早期妊娠检查，以确定其是否妊娠。检查最常用的方法为直肠检查法或B超检查，技术熟练的人员通过这两次检胎即可确定母牛是否妊娠。

（1）妊娠前期的饲养管理　确诊妊娠后，要特别注意母牛的安全，重点做好保胎工作，预防流产或早产。初产母牛往往不如经产母牛温顺，在管理上必须特别耐心，应通过每天刷拭、按摩等与之接触，使其养成温顺的性格。妊娠牛要与其他牛只分开，单独组群饲养。无论舍饲或放牧，都要防止相互挤撞、滑倒、猛跑、转弯过急、饮冰水、喂霉败饲料等，放牧应在较平坦的草地。对舍饲牛，要保证有充分采食青粗饲料的时间。饮水、光照和运动也要充足，每天需让其自由活动3～4小时，或驱赶运动1～2小时。适当的运动和光照可以增强牛体质，增进食欲，保证产后正常发情，预防胎衣不下、难产和肢蹄疾病，有利于维生素D的合成。每天梳刮牛体1次，保持牛体清洁。

（2）妊娠后期的饲养管理　妊娠后期是胎儿迅速生长发育和需要大量营养的时期。胎儿的生长发育速度逐渐加快，到分娩前达到最高，妊娠期最后2个月胎儿的增重占到胎儿总重量的75%以上。因此，需要母体供给大量的营养，精饲料供给量应逐渐加大。同时，母体也需要储备一定的营养物质，使母牛有一定的妊娠期增重，以保证产后正常哺乳和发情。初产母牛由于自身还处于生长发育阶段，饲养上应考虑其自身生长发育所需的营养。这时，如果营养缺乏会导致胎儿生长发育减缓、活力不足，母牛体况较差。但也要注意防止母牛过肥。对于初产母牛保持中上等膘情即可。

妊娠后期管理的重点是为了获得健康的犊牛，同时保持母牛有一个良好的产后体况。为此，要加强妊娠母牛的运动锻炼，特别是在分娩前1个月这段时间，这样可以有效地减少难产。但应避免驱赶运动，防止早产。同时，在运动场提供充足、清洁的饮水供其自由饮用。对妊娠180～220天的牛应明确标记、重点饲养，有条件的单独组群饲养。分娩前2个月的初孕母牛，应分别组群饲养。

10. 如何做好哺乳期母牛的饲养管理？

加强母牛哺乳期管理是保证母牛保持良好的繁殖体况和初生犊牛正常生长发育的关键。

哺乳期母牛饲养管理的主要任务一是满足犊牛哺乳，二是本身及早发情配种、受胎。产前30天到产后70天是母牛饲养的关键100天，哺乳期的饲养管理对犊牛的断奶重、健康和正常发育以及母牛的产后发情、配种受胎都很重要。哺乳期母牛饲料的能量、钙和磷、蛋白质都较其他生理阶段的母牛有不同程度的增加，以体重500千克的哺乳母牛为例，日需采食干物质9～11千克，可消化养分5.4～6.0千克，净能71～79兆焦，日粮中粗蛋白质含量为10%～11%，并应以优质的青绿多汁饲料为主，且组成多样。哺乳母牛日粮营养缺乏时，会导致犊牛生长受阻，易患腹泻、肺炎、佝偻等病，而且如果在这个时段造成生长阻滞，在以后的营养补偿中表现不佳，同时营养缺乏还导致母牛的产后发情异常，受胎率降低。

犊牛3月龄后，即可采食利用植物性饲料，母牛的产奶量也迅速下降，过大的采食量和精饲料的过量供给会导致母牛肥胖，影响发情和受胎，在犊牛的补饲达到一定程度后应逐渐减少母牛精饲料的喂量，保证蛋白质及微量元素、维生素的供给，并通过加强运动、给足饮水等措施，促进母牛的发情配种。

在整个哺乳期要注意母牛乳房卫生和环境卫生，防止乳房污染引起犊牛腹泻和母牛乳腺炎的发生。

（1）**空怀哺乳期**　空怀期是指从产犊到下次妊娠之间的这段时间。一般为产后 1～80 天。

母牛产犊后及时给予 36℃～38℃的温水，并在水中加入麦麸 1～1.5 千克，食盐 100～150 克，调成稀粥状饲喂，有利于预防胎衣滞留和子宫脱出等。有条件的还可给予 250 克红糖，200 毫升益母草制剂，加适量温水饮用。母牛分娩后，注意观察母牛的乳房、食欲、反刍和粪便，发现异常情况及时治疗。注意观察胎衣排出情况，如果胎衣排出，要仔细检查是否完整。胎衣完整排出后用 0.1% 高锰酸钾溶液消毒母牛外阴部和臀部。

产后 3 天内，要详细观察护理，3 天后，补充少量混合精饲料。精饲料最高喂量不能超过 2 千克。14 天内饲料应以适口性好，易消化吸收，有软便作用的优质青干草为主，满足供给，让母牛自由采食。母牛分娩 14 天后，精饲料喂量应随产奶量的增加而逐渐增加，并要注意保证蛋白质和钙、磷及微量元素的供给量。舍饲母牛青粗饲料要少给勤添，饲喂次序一般先粗后精，并应保证充足饮水，成年母牛日耗水约 60 升。注意观察母牛是否发情，发情后及时配种，理想的第一次配种时间为分娩后 60 天左右。

（2）**妊娠哺乳期**　是指母牛从妊娠到犊牛断奶之间的时期。

此期的饲养管理与妊娠前期的饲养管理基本相同。母牛分娩 3 个月后，饲养上逐渐减少混合精料的喂量，并通过加强运动、梳刮牛体、足量饮水等措施，避免产奶量急剧下降。配种后两个情期内，应注意观察母牛是否有返情现象。如有，应进行直肠检查，确定是否有假发情，以免误配，造成流产。

11. 如何节粮高效育肥肉牛？

（1）**选喂杂交牛**　杂交牛综合了不同品种的优良性状，具有明显的杂种优势，在短时间内可生产大量优质牛肉。若无杂种牛，可选年龄 1～2 岁、体重 250 千克、膘情中等、健康无病的本地阉牛短期育肥。

（2）秸秆加工利用

①青贮饲料　青贮饲料是由带穗玉米加工生产发酵而成的多汁饲料，营养成分较高，适口性好，但含水量相对较高，育肥肉牛要保证干物质采食量，因而要限量饲用，日喂量应控制在 10 千克以内，与风干草或秸秆类等含水量较低的饲草混合使用。

②黄贮饲料　黄贮饲料是采用收获子实后的玉米秸秆生产加工发酵而成。营养成分含量低于青贮饲料，但成本较低，具有低成本优势。是肉牛的主要粗饲料。

③微贮饲料　微贮饲料系多采用黄贮饲料的加工方式对枯干秸秆进行加工，而在加工过程中适量加入活菌发酵剂，促进发酵进程而形成的粗饲料，其品质接近或略高于黄贮饲料。

④氨化饲草　氨化草的制作多按照 100 千克秸秆类饲草、3 千克尿素和 40 升水的比例，在氨化室进行密封处理而制作的饲草。氨化饲草在饲用前必须进行放氨。其粗蛋白质含量相对较高，饲喂氨化草要有 7～10 天过渡期，牛的正常采食量一般占体重的 2%。饲用氨化饲草时，应适当降低精料补充料中的蛋白质饲料组分。

（3）**补喂混合料**　混合饲料作为肉牛的高营养浓度饲料，主要用于补充粗饲料的营养不足部分。其用量及配制要切合粗饲料的种类及品质。农区养肉牛，粗饲料多为农作物秸秆，而且以玉米秸为主。建议混合料参考配方为：玉米 60%，菜籽饼或棉籽饼等饼粕类饲料 30%，麸皮 7%，预混料 3%，精补料中不建议应用豆饼或豆粕，以便降低饲养成本。精饲料的配比和用量可按照粗饲料的品质和加工方式及营养含量而适当调整。通常情况下，按体重的 1% 定时饲喂，每天分 2 次补喂。

（4）**加喂添加剂**　"靠科学养牛，向技术要肉"是发展肉牛业、提高养牛效益的重要途径。目前，应用比较广泛的是埋植增重剂技术，从而增加牛肉产量，提高饲料报酬。对饲养期长的牛，可间隔 100 天重复埋植 1 次，育肥效果更佳。如果使用药物添加剂，则要严格执行休药期。

市售肉牛日粮添加剂种类较多，应在技术人员的指导下科学选用。

（5）**精喂细管**　在饲喂前期驱虫，可按每千克体重内服阿苯达唑（丙硫咪唑）30毫克，服后还可健胃。育肥阶段，青草季节放牧管理，后期集中育肥，利用高精料日粮催肥时间为60～90天。拌料时要求料先拌湿1小时后，再与草拌均匀；另外必须喂饮清洁水，每日至少2次。牛舍要经常除湿垫干，保持干燥清洁。

12. 如何制定和应用高营养浓度育肥日粮？

肉牛育肥是养殖肉牛的核心技术。首先是根据市场情况和生产计划确定肥育期，即催肥期。在催肥期内，日粮的营养浓度应逐步提高，也就是说精饲料比例越来越高。以育肥期120天为例，1～20天为适应期，日粮精饲料比例为30%～40%，21～50天为育肥初期，日粮精饲料比例可提高到50%；51～90天为育肥中期，日粮精饲料比例可达60%以上；91～120天为育肥末期，日粮精饲料比例可进一步提高到70%以上。在粗料型日粮向精料型日粮过渡中，要严密注意以下几点。

（1）**精粗饲料混合均匀**　严格进行精粗饲料预混合，最好应用TMR机械搅拌生产。

（2）**一日多餐**　为防止育肥牛采食过多或个别牛过量采食造成胀肚、食欲减退或腹泻的发生，在适应期内，日粮分5～6次供给。进入育肥期后，一日多餐便可逐步改为自由采食，饲槽内昼夜保持足够量的饲料，任其自由采食。

（3）**充分饮水**　采用自动饮水设备效果较好，如不能自由饮水，以每日饮水3～4次及以上为宜。

（4）**勤观察**　在日粮变动的最初几天，饲养管理人员要勤观察每头牛的反刍活动、精神状态、粪便等，发现异常情况，要及时处理。

（5）**精粗比例**　日粮中精料和粗料的比例逐步调整、提高，以保持育肥牛对日粮精饲料的较高消化率。

（6）科学应用饲料添加剂　肉牛用饲料添加剂种类很多，功能主要是促进生长，改善消化功能，提高饲料转化率，提高肉牛的健康水平。

13.断奶过渡期犊牛集中饲养增效增收案例

地点：山西省长治市沁县

单位：沁县玉龙建盛养牛专业合作社

背景1：市场行情。牛市现状亦即当前肉牛市场交易价格走向：目前我国山西、山东、安徽、新疆等地牛市交易价格趋于一致，总体情况为体重250千克及其以下的个体犊牛，多以体重计价，且稳定在30元/千克左右。

背景2：农户销售犊牛心理。肉牛养殖户，多以繁育母牛养殖，出售犊牛为目标。为提高母牛的繁殖产犊率，犊牛早期断奶的管理措施已普及到养殖生产实践，而在断奶过程中，犊牛由于日粮的转变，生长发育和体况、膘情会受到一定的影响，因而期望在断奶时销售。

背景3：兼职当地牲畜交易员，与各地牛市联系密切，兼职为各地牛商组织牛群。

牛群组织：周边农户收购处在断奶过程中的犊牛，年龄多在4～5月龄，体重多在150千克左右，品种类群以西门塔尔改良牛为主体，另有部分红安格斯杂交牛。收购价格多在4500～5000元/头（参照30～34元/千克体重）。

草料制备：采用直线育肥的技术路线，高投入、高产出。购置正牌厂家生产的犊牛代乳料、犊牛开食料及育肥肉牛预混料。其价格：代乳料6000元/吨、开食料4000元/吨、预混料3500元/吨。另外，自备玉米、麦麸、饼粕及自产青干草、玉米秸等。利用预混料配制育肥料，造价2800元/吨。

饲养周期：平均3个月。

生产管理：分阶段散栏式饲养管理，按照体重大小排序，组群管理。自由饮水。新进牛饮水中添加电解多维。日粮供给按月调整。供给方案见表 5-1。

表 5-1　肉牛育肥期供给方案

阶　　段		日粮组成				计　价	犊牛增重
		代乳料	开食料	育肥料	饲草		
第一个月	供给量	1.5	0.5	0.75	2.0～4.0	16.1	0.9
	折　价	9.0	2.0	2.1	3.0		
第二个月	供给量	0.75	1.5	1.0	4.0～6.0	18.3	1.0
	折　价	4.5	6.0	2.8	5.0		
第三个月	供给量	0	1.5	2.0	6.0～8.0	18.6	1.1
	折　价	0	6.0	5.6	7.0		

2015 年 6 月份以来，利用上述方案，集中饲养断奶过渡期犊牛 127 头。期间犊牛不仅没有掉膘失重，日增重平均达到 1 千克，其中部分牛平均日增重 1.2 千克。一方面是经过长期的牛群改良，犊牛本身生长发育较快；另一方面是牛只来源于当地养殖户，未经长途运输，应激较小，代乳料、开食料等饲粮品质好，犊牛适应快。参照 30～34 元/千克体重收购，但并不过秤，以估重为准。经营者系当地牲畜交易员，估重经验丰富，又了解市场行情，购牛价格准确可靠。经过饲养后，主要销售于山东、河南等地。由于集中规模生产，迎合外地客商批量购买的实际需求，市场需求量大，销路畅通。案例中 127 头牛分 3 批全部销售给山东和河南，其中山东 84 头，河南 43 头。均以群体过秤 30～34 元/千克体重的价格售出（表 5-2）。

表5-2　经济效益统计

批次	头数	平均始重	育肥天数	头均增重	草料开支	平均末重	购进开支	销售收入	头均收益	批次收益
1	31	154	96	92	1 656	246	4 928	7 872	1 288	3 9928
2	43	151	89	89	1 602	240	4 832	7 680	1 246	5 3578
3	53	147	91	95	1 674	242	4 704	7 744	1 366	7 2398

由此可见，按照目前市场形势，利用高品质、高价位的犊牛日粮，进行断奶过渡期犊牛饲养，每头牛每日投入18元饲养成本，可获得30～32元产值收入，纯利润12～14元，效益可观。特别是有效解决了犊牛断奶过渡期的脱膘失重问题，不仅对生产者创造了巨额利润，同时对产业的发展具有积极的推进作用。

六、肉牛育肥与优质牛肉生产

1. 什么是肉牛育肥?

肉牛育肥是以获得较高的日增重、优质牛肉和取得最大经济效益为目标的一种饲养方式。

肉牛育肥的目的是为了增加屠宰牛的肥度,加大牛肉的产量、改善牛肉的品质;使牛的生长发育遗传潜力尽量发挥完全;使出售的供宰牛达到尽量高的等级或获取尽量多的优质牛肉;同时获取较高的投入产出比和生产经营效益。

通常情况下,为获取较大的日增重,则供给的营养物质高于肉牛维持和正常生长发育之需要。通过营养物质供给量的调控,使其在骨骼平稳变化的情况下,牛体软组织在数量、结构和成分等方面发生迅速的变化。

随着对反刍动物营养研究的不断深入和饲料工业化的不断发展,肉牛的日增重、饲料转化率不断提高,出栏年龄也已逐渐提前,牛肉品质也不断提高。特别是国民经济收入迅猛增长、健康营养消费意识日益增强,中高端牛肉的市场需求与日俱增,使肉牛育肥成为肉牛生产的关键环节。肉牛育肥的实质,就是通过给肉牛创造适宜的管理条件、提供丰富的日粮营养,以期在较短的时间内获取较大的日增重和更多的优质牛肉,在繁荣市场供给的基础上,获取肉牛产业巨大的经济效益。

2. 肉牛育肥的原理是什么? 如何应用?

肉牛的营养需要粗略分为3大块。

基础代谢需要:即在不增重、不生产、不失重的条件下维持其生命特征(包括体温、新陈代谢、逍遥运动等)的营养需要,又称为基础需要或维持需要；

生长发育需要：即在维持需要的基础上增加机体正常增长的营养需要，如由幼龄到成年机体不断增大的营养需要；

生产需要：即在维持和生长发育营养需要的基础上，再增加繁殖、泌乳、育肥等产犊、产奶、产肉，形成产品的需要。

育肥是肉牛生产的重要组成环节，其营养需要是在正常生长发育需要的基础上，再增加囤肥的营养需要。

可见，所谓肉牛育肥，就是必须使日粮中的营养成分含量高于牛本身维持和正常生长发育所需的营养，使多余的营养以体组织的形式沉积于体内，获得高于正常生长发育的日增重，以缩短生产周期，达到肥牛出栏的目的。对于幼龄牛，其日粮营养应高于维持营养需要和正常生长发育所需营养；对于成年牛，则要大于维持营养需要。

由于维持需要没有直接产品，仅是维持生命活动所必需。所以，在育肥过程中，日增重愈高，维持需要所占的比重愈小，饲料的转化率就愈高。各种牛只要体重一致，其维持需要量相差不大，仅仅是沉积的体组织成分的差别，所以降低维持需要量的比例是肉牛育肥的中心议题，或者说，提高日增重是育肥肉牛饲养管理的核心。

肉牛的日增重受不同生产类型、不同品种、不同年龄、不同营养水平及不同饲养管理方式的直接影响，同时确定日增重大小也必须考虑经济效益和肉牛的健康状况。过高的日增重，需要较高的营养水平和相对较高的管理条件。为获取最佳的生产经营效益，结合目前国内肉牛品种改良现状，肉牛育肥期最佳的平均日增重可设定在 1.5 千克比较经济。

不同的营养组成与供给方式会影响牛肉的品质。养殖生产者可根据市场需要，调整营养组成与供给方式，生产适销对路的牛肉。一般育肥肉牛，可分为前中后 3 个阶段或育肥期别，生产中高档牛肉，针对国际市场以及国内涉外饭店，拟采取低—高、中—高、高—高的营养供给方式；生产低脂肪牛肉，宜采取低—中—高，即持续的由低到高的营养供给方式。

3. 影响肉牛育肥效果的因素有哪些？

肉牛的日增重受不同生产类型、不同品种、不同年龄、不同营养水平及不同饲养管理方式的直接影响。

（1）育肥牛的品种　肉牛的品种与育肥效果有着密切的关系。不同品种类型的肉牛，不仅成熟期、最佳屠宰体重不同，而且在育肥期对营养物质的需要量及增重速度也不相同。如肉用品种和兼用品种、早熟品种和晚熟品种、大体型品种和小体型品种、纯种牛和杂种牛及不同杂交代数的杂种牛，必须分别采用相应的育肥措施和技术。

（2）育肥牛的年龄　不同年龄的牛，所处的发育阶段不同，不同体组织的生长强度不同。因而在育肥期所需要的营养物质和营养水平不同。幼龄牛的增重以肌肉、内脏、骨骼为主。而成年牛的增重除增长肌肉外，主要为沉积脂肪。因而育肥方案特别是日粮配制与供给应有较大的区别。

（3）育肥牛的体况　体况包括体型结构、发育程度和水平。牛的体型首先受躯干和骨骼大小的影响。颈脊宽厚、肩峰平整、背、腰、尻宽平是肉牛的基本特征，也是生产优质肉的重要标志。大骨架的牛有利于肌肉着生，体躯很丰满而肌肉发育不明显是早熟品种的特点。必须依据不同体况采取相应的育肥技术措施。

（4）育肥牛的饲料　不同育肥阶段的肉牛对饲料的品质有不同的要求。幼龄牛及育肥前期牛需要较高的蛋白质饲料，而育肥后期或成年牛则需要较高的能量饲料。不同育肥阶段需要不同的日粮组成和营养水平。饲料转化为肌肉的效率远高于转化为脂肪。

4. 如何选择育肥牛的品种类群？

育肥牛的选择应从品种、年龄、体重、体况等多方面综合判断，以利于降低育肥过程的生产成本，提高生产效率和效益。

品种选择总的原则是基于我国目前的市场条件，以生产产品的类型、可利用饲料资源状况和饲养技术水平为出发点。

育肥牛应选择生产性能高的肉用型品种牛，不同的品种，增重速度不一样，供作育肥的牛以专门化肉牛品种最好。由于目前我国的优良专门化肉用牛品种较少，因而肉牛育肥的首选应是肉用杂交改良牛，即用国外优良肉牛为父本与我国黄牛杂交繁殖的后代。生产性能较好的杂交组合有：夏洛莱牛与本地牛杂交后代，短角牛与本地牛杂交改良后代，西门塔尔牛与本地牛杂交改良后代，利木赞牛改良后代等。其共同特点是体型大，增重快，成熟早，肉质好。

如以生产小牛肉和小白牛肉为目的，应尽量选择早期生长发育速度快的肉牛品种。因此，肉用牛的杂交公犊和淘汰母犊是生产小牛肉的最好选材。在国外，奶牛公犊也是被广泛利用生产小牛肉的原材料之一。目前在我国专门化肉牛品种缺乏的条件下，应以选择黑白花奶牛公犊和西门塔尔高代杂种公犊牛为主，利用奶牛公犊前期生长快、育肥成本低的优势组织生产。犊牛以选择公犊牛为佳，因为公犊牛生长快，可以提高牛肉生产率和经济效益。

如进行架子牛育肥，应选择国外优良肉牛父本与我国黄牛杂交繁殖的后代，因为在相同的饲养管理条件下，杂种牛的增重、饲料转化率和产肉性能都优于我国地方黄牛。

如以生产高档牛肉为目的，则除选择国外优良肉牛品种与我国黄牛交种外，也可选择我国的优良黄牛品种如秦川牛、鲁西牛、南阳牛、晋南牛等，而不用回交牛和非优良的地方牛种。国内优良黄牛品种的特点是体型较大，肉质好。其不足是增重速度慢，育肥期较长。用于生产高档优质牛肉的牛一般要求是阉牛。因为阉牛的胴体等级高于公牛，而阉牛又比母牛的生长速度快。

另外，对每一批次的育肥牛，为便于饲养管理，在组群中其品种、年龄、体重越整齐越好，至少也应保持类型方面的一致。结合当地饲养的品种类群，就地取材多有利于降低生产成本。

5. 如何选择育肥牛的年龄阶段?

年龄对育肥的影响主要表现在增重速度、增重效率、育肥期长短、饲料消耗量和牛肉品质等方面。一般情况下,肉牛在第一年生长较快,第二年次之,进行持续育肥,通常第二年的增重约为第一年的70%。如采用前粗后精模式进行分阶段育肥,则第二年催肥期生长速度相对较快。正常情况下,年龄越接近成熟期生长速度越慢,年龄越大,每千克增重所消耗的饲料也越多。老年牛肉质粗硬,牛肉品质远不如幼龄牛,所以育肥牛的年龄选择应在2岁以内,最迟也不应超过3岁。牛的体组织成分中,年龄小的牛含水比例高,如初生犊牛体组织含水常在70%以上,而育肥到2岁的阉牛体组织含水量仅为45%。另一方面,如果育肥期采用高精料和高品质粗饲料,犊牛每天消耗的饲料量少,但需要育肥的饲养期较长,而1～2岁的牛,虽然每天采食量较大,但育肥的饲养期较短,所以饲料的总消耗量相差不多。而1～2岁的牛可适应多种饲养管理方式,在市场变化时,可适当延长或缩短育肥期,以获得较大的经济效益。

到底购买哪种年龄的牛作为育肥牛,主要应根据生产条件、投资能力和产品销售渠道考虑。以生产小牛肉或小白牛肉为目的,需要的犊牛应自己培育或建立供育肥犊牛的繁育基地。体重一般要求初生重在35千克以上,健康无病,无缺损。

以短期育肥为目的,计划饲养3～6个月,而应选择1.5～3岁的育成架子牛和成年牛,不宜选购犊牛、生长牛。对于架子牛年龄和体重的选择,应根据生产计划和架子牛来源而定。目前,在我国广大农牧区较粗放的饲养管理条件下,1.5～2岁肉用杂种牛体重多在250～300千克,2～3岁牛多在300～400千克,3～5岁牛多在350～400千克。如果实行3个月短期快速育肥,最好选体重350～400千克的架子牛。而采用6个月育肥期,则以选购年龄1.5～2.5岁、体重300千克左右的架子牛为佳。需要注意的是,能满足高档牛肉生产条件的是 12～24 月龄架子牛，一般牛年龄超过 3 岁，就不能生产出高档牛肉，优质牛肉块的比例也会降低。

6. 如何进行育肥牛的体型和体况选择？

育肥牛应有良好的肉用体型，体型是获得良好育肥效果的重要因素，体型较好而体况较瘦的牛是最佳选择。体型较大的牛，胃容积也大，采食量大，必然增重也大。体重的选择必须结合年龄因素，不同年龄段，应有不同的体重标准，同时还要与市场价格挂钩。

体型外貌是体躯结构的外部表现，在一定程度上反映牛的生产性能。选择的育肥牛要符合肉用牛的一般体型外貌特征。

从整体上看，体型大、脊背宽、生长发育好、健康无病。不论侧望、上望、前望和后望，体躯应呈"矩形"即长方形，体躯低垂，皮薄骨细，紧凑而匀称，皮肤松软、有弹性，被毛密而有光亮。从局部来看，口大，鼻镜宽，眼明亮。前躯要求头较宽而颈粗短，胸宽而丰满，突出于两前肢之间，肋骨弯曲度大；鬐甲宜宽厚，与背腰在一直线上。背腰平直、宽广，臀部丰满且深，四肢正立，两腿宽而深厚，坐骨端距离宽。

应避免选择有如下缺点的牛：头粗而平，颈细长，胸窄，前胸松弛，背线凹，严重斜尻，后腿不丰满，中腹下垂，后腹上收，四肢弯曲无力，"O"形腿和"X"形腿，站立不正等。

7. 如何确定育肥牛的日粮供给？

（1）**育肥牛日粮的精粗饲料比例** 高效育肥肉牛，必须分阶段供给相应的日粮。其日粮中精粗饲料的比例应随育肥进程而变化，生产中的建议如下。

育肥前期：粗饲料 65%～55%，精饲料 35%～45%；

育肥中期：粗饲料 55%～45%，精饲料 45%～55%；

育肥后期：粗饲料 35%～15%，精饲料 65%～85%。

（2）**育肥肉牛日粮的营养类型** 不同的营养水平育肥肉牛，其增重效果是不同的。

①**高营养水平** 育肥前期采用高营养水平，育肥牛可获得较高的日增重，但持续时间不会太长。当持续高营养水平饲养时，增重水平反而会下降。同时，高营养水平日粮，价值与价格高，投入成本较大。

②**低营养水平** 育肥前期采用低营养水平，期间虽增重略低，但投入成本低。同时，在改变为高营养水平时，增重提高，效益较好。

③**中高型营养水平** 从育肥全程的增重与育肥天数综合分析，肉牛育肥日粮营养水平以中高型较为理想。

8. 如何选择肉牛育肥的开始期？

任何年龄段的牛都可以进行肥育，但不同年龄段的牛，其生长强度以及体组织的生长模式不同，育肥效果差异较大。对于生产优质高档肉牛的直线育肥方式来说，优选的育肥开始年龄应在18～24月龄，此时是牛生长旺盛期，通常生长能力比其他年龄段高25%～40%；而对于3～6个月的短期育肥来说，则选择3～5岁、体重350～400千克的架子牛进行育肥，经济效益更为可观。

从产肉量方面分析，每头2岁以内的牛提供的牛肉相当于成年牛的70%～80%。但2岁以内的牛育肥，饲料报酬高，牛肉品质好。虽然育肥日粮要求蛋白质饲料组分较高，但饲料的总消耗量相对减少。因此，实行2岁前的早期育肥，已成为专门化肉牛生产的主方向。

9. 如何确定育肥肉牛的最佳出栏期与出栏重？

正确确定育肥肉牛的最佳结束期即出栏期，不仅具有节约投入、降低成本、增收效益之优势，而且对提高牛肉的品质也有重要意义。肉牛育肥期的长短和出栏体重的高低与总的饲料利用效率密切相关，同时对牛肉的嫩度、多汁性、肌纤维粗细和大理石状花纹丰富程度，以及肉的含脂率等均有重要影响。

（1）**出栏重与饲料转化率** 育肥肉牛出栏体重的大小，首先考虑的是市场需求。同时，也受饲养者的饲养技术和生产资金的制约。出栏重不同，饲料消耗量和利用效率也不同，肉牛体重的生长强度，总体来说是随着年龄的增大而减小，且年龄小的牛维持需要小，体重增加的主要是肌肉、骨骼和内脏器官；而年龄大的牛体重增加的主要是肌肉和脂肪。一般规律是牛的出栏体重越大，饲料利用效率越低。如育肥牛以 600 千克活重出栏时，每千克增重的饲料消耗比以 550 千克活重出栏时增加 6.4%，而以 650 千克活重出栏时则又增加 9%，饲料转化率分别降低了 6.67% 和 9.44%。从饲料转化率上看，出栏活重以 550 千克左右效益较好。

（2）**出栏重与牛肉品质** 在同一品种内，牛肉的品质与出栏活重有着密切的关系。3 岁以内的牛，出栏体重大，牛肉品质高。超过 3 岁的牛，牛肉的质量随年龄的增长而下降。大理石状花纹形成一般规律是：牛在 12 月龄以前很少，12～24 月龄期间增长较快，而 30 月龄后则变化很小；胴体脂肪的增加一般在 14 月龄以后开始加快，24 月龄左右增速很快。3 岁以后牛肉及纤维的老化和皮下脂肪含量增速。所以 3 岁之前，体重越大，牛肉品质越高。

（3）**育肥肉牛最适结束期（出栏期）的判断**

①**从采食量判断** 肉牛对饲料的采食量与预期体重相关。每日的绝对采食量一般是随着育肥期的延长而下降，当下降量达到正常量的 1/3 时，就应考虑结束育肥。按活重计算，日采食饲料干物质量低于体重的 1.5% 时，则可认为达到了育肥的最佳结束期。

②**肥育度指数判断** 肥育度指数的计算方法为：

$$肥育度指数 ＝ 体重 / 体高 \times 100$$

通常指数越大，肥育度越好，当指数超过 500 或达到 526 时，应考虑结束育肥。

③**体型外貌判断** 依据重要部位的脂肪沉积程度进行判断。判

断的部位为皮下、颌部、胸垂部、肋腹部、腰部、坐骨端和下肷部。当皮下、胸垂部的脂肪量较多，肋腹部、坐骨端、腰角部沉积的脂肪较厚实时，即达到了最佳育肥结束期。

④市场需求判断 当肉牛已育肥一定时期，且已有一定体重和肥度。赶上市场牛肉旺销季节，屠宰场收购活牛价格较高时，可果断结束育肥期，以获取较好的经济效益。

10. 什么是围栏育肥技术，有什么优点？

围栏育肥即全舍饲型：把育肥牛散养在围栏内，采用自由采食、自由饮水的方式，每个围栏面积 40～60 米^2，饲养 8～15 头牛。其主要优点如下。

（1）提高了育肥牛日增重 在自由采食、自由饮水条件下，育肥牛根据自身营养需要，随时采食和饮水，以满足营养需要，与拴系饲养方式相比，在单位时间内围栏育肥牛的采食量和饮水量加大，增重必然提高。

（2）提高育肥牛的屠宰成绩 育肥牛的胴体重、屠宰率、净肉重和胴体品质都不同程度地得以提高。

（3）提高了土地利用率 以育肥牛采食、休息占用的面积比较，拴系条件下每头牛需占用 7 米^2，围栏条件下每头育肥牛只需占用 4～5 米^2。

（4）提高了劳动效率 拴系饲养时，每个劳动力可养 20～50 头，而围栏饲养，每个劳动力可养 200～250 头，大幅度提高了劳动效率。

（5）有利于机械化 散栏饲养有利于提高肉牛育肥的机械化水平，便于规模生产，创造规模效益。

11. 肉牛育肥方式分哪几种？

肉牛育肥方式因各地条件不同而异，同时还受市场、饲料、价格等因素的影响而有所变化。综合多方面因素，目前适宜采用的肉牛育肥方式一般可分为以下几种。

（1）以青、粗饲料为主的半集约化育肥方式　2月龄断奶、体重80千克左右的秋产犊牛，冬季自由采食干草或青贮饲料，以粗饲料为主，日喂精饲料不超过1.5千克。至6月龄体重达到180千克左右时正值夏季，在山坡草地或人工草场放牧，此期间基本不喂精饲料。至12月龄时体重325千克左右，再次进入冬季舍饲阶段，自由采食青贮饲料或青干草，日喂2～3千克含谷物、蛋白饲料、矿物质、维生素的精料补充料。用这种方法，一般18月龄牛体重可达480～500千克。由于育肥期较短，消耗精饲料相对较少，因此在生产中得到广泛应用。

（2）大量饲喂一般牧草的粗放式育肥　2月龄断奶、体重80千克左右的冬产犊牛，首先舍饲，自由采食青贮料和青干草，精饲料日喂量不超过2千克。至6月龄体重180千克时正值夏季，在优良的草地上放牧或饲喂青刈饲草至12月龄。体重250千克右，进入第二个冬季舍饲，自由采食青贮饲料和青干草，并饲喂氨化秸秆及大量农副产品，日喂精饲料不超过2千克。18月龄体重330～350千克时，进入第二次放牧阶段，在优良的草地上放牧，不补精饲料或稍补精饲料。采用这种育肥方式，24月龄牛的体重达500～550千克。由于这种方式以粗饲料和放牧为主，消耗精饲料少，育肥牛体重较大，所以在生产中也很受欢迎。

（3）易地育肥方式　在山地丘陵草场及人工草地资源丰富的地区发展母牛，繁殖犊牛及培育生长牛，一般生长牛至体重350千克左右时，易地到精饲料及农副产品丰富的平川农区或城郊区育肥。如山西省已经形成的在太行山区发展繁殖母牛，充分利用草山草坡的牧草，培育生产架子牛，而后易地到祁县、文水及太原城郊等地进行育肥生产，就是典型的易地育肥。架子牛购回后，采用高营养浓度日粮（高精料日粮）进行4～5个月的强度育肥，育肥期日增重平均1 000克以上，出栏重500千克以上，经济效益显著。

12. 什么是犊牛直线育肥，如何进行？

直线育肥即犊牛持续育肥，没有吊架子阶段，从出生后断奶到出栏一直按照营养标准进行饲养管理。直线育肥牛相对成本较高，但出栏时年龄较小，肉质优良，价格也相对较高，经济效益明显。犊牛直线育肥具有四大好处：一是缩短了生产周期，较好地提高了出栏率。二是改善了肉质，满足市场高档牛肉的需求。三是降低了饲养成本，提高了肉牛生产的经济效益。四是减少了草场载畜量，可获得较高的生态效益。

（1）犊牛直线育肥的技术环节

①**品种选择**　育肥犊牛的品种，应选择夏洛莱、西门塔尔、利木赞等改良牛及地方良种牛，黑白花奶牛的公犊也可作为直线育肥的牛源。

②**饲养管理**　犊牛的提早补饲至关重要。1周龄时开始训练饮用温水。为促进犊牛瘤胃的发育和补充犊牛所需的养分，提早喂给紫花苜蓿等豆科牧草的青干草。精饲料：一般在10～20日龄开始训料，开始训料时将精饲料制成粥状，并加入少许牛奶，开始日喂10～20克，逐渐增加喂量；20日龄开始每日给10～20克胡萝卜碎块，以后逐渐增加喂量；30日龄时，栏内设干草篮，诱其采食；60日龄开始加喂青贮饲料，首次喂量为100～150克。随着犊牛采食量的增加而逐渐增加喂量。整个饲养期都必须保证充足的饮水。

犊牛与母牛要分栏饲养，定时放出哺乳。犊牛要有适度的运动，随母牛在牛舍附近牧场放牧，放牧时适当放慢行进速度，保证休息时间。犊牛达100日龄时断奶。

③**育肥准备**　在犊牛转入育肥舍前，对育肥舍地面、墙壁用2%氢氧化钠溶液喷洒，器具用1%新洁尔灭溶液或0.1%高锰酸钾溶液消毒。犊牛断奶后转入育肥舍饲养。

育肥舍可建为规范化的棚舍或塑膜暖棚舍，舍温要保持在6℃～25℃，确保冬暖夏凉。夏季搭遮阴棚，保持通风良好，当气温在 30℃以上时，应采取防暑降温措施。冬季扣上双层塑膜，要注意通风换气，及时排除氨气、一氧化碳等有害气体。

按牛体由大到小的顺序拴系、定槽、定位，缰绳以 40～60 厘米为宜。也可采用围栏散放饲养的形式育肥。

④**育肥期的饲养**　所有的牧草、农作物秸秆、青贮饲料、氨化秸秆、微贮秸秆、块根块茎及薯藤、酒糟、甜菜渣、玉米、菜籽饼、高粱、葵花饼、麦麸、豆饼、棉籽饼、食盐、矿物质类、添加剂等，均可作为直线育肥犊牛的日粮原料。犊牛转入育肥舍后训饲 10～14 日，使其适应环境和饲料并逐渐过渡到育肥日粮。夏季，青草茂盛，也是放牧的最好季节，可充分利用混播牧草的营养价值高、适口性好和消化率高的优点，采用放牧或青刈饲草育肥，降低饲养成本，增加经济效益。春、秋季节白天放牧，夜间补饲一定量青贮饲草、青干草或氨化、微贮秸秆等粗饲料和少量精饲料。冬季要补充一定的精饲料，适当增加能量（玉米、麦麸等）和蛋白质饲料（饼粕类等），提高犊牛的防寒能力，降低能量消耗。

⑤**育肥期的管理**　舍饲育肥犊牛日饲喂 3 次，先喂粗饲料，再喂配合料。要保证充足的饮水。注意禁止饲喂带冰的饲料和饮用冰冷的水，寒冬季节要饮温水。一般在喂后 1 小时内供牛饮水。

育肥牛 10～12 月龄用伊维菌素或左旋咪唑驱虫 1 次。伊维菌素每头口服剂量为每千克体重 0.1 克；左旋咪唑每头牛口服剂量为每千克体重 8 毫克。12 月龄时，用人工盐健胃 1 次，口服剂量为每头牛 60～80 克。日常每日刷拭牛体 1 次，以促进血液循环，增进食欲，保持牛体卫生，饲养用具也要经常洗刷消毒。育肥牛要按时搞好疫病防治，经常观察牛采食、饮水和反刍情况，发现病情及时治疗。

⑥**适时出栏**　当育肥牛 18～22 月龄，体重达 500 千克左右，且全身肌肉丰满，皮下脂肪附着良好时，即可出栏。

13. 怎样进行犊牛分阶段育肥？

犊牛分阶段育肥是直线育肥的一个分支，指选择体重 180～

200千克的犊牛开始，一般育肥全程380天，平均日增重920～930克，育肥结束体重530～550千克，划分不同育肥阶段，采用相应技术措施。

①育肥准备期 让犊牛适应育肥的环境条件，并进行驱虫及防疫注射等工作。时间为60～65天，日粮中料草比例为35∶65，粗蛋白质水平13%，日增重指标为600克；

②育肥前期 时间为150天，日粮料草比例为35～45∶65～55，粗蛋白质水平为12%～13%，日增重指标为1050克；

③育肥中期 时间为90天，日粮中料草的比例为55～60∶45～40，粗蛋白质水平11%～12%，日增重指标950克；

④育肥后期 时间为80天，日粮中料草比例为65～75∶35～25，粗蛋白质水平为10%，日增重指标为900克。

研究表明，采用此育肥模式育肥地方良种黄牛（晋南牛、秦川牛、鲁西牛、南阳牛等）可生产出品质优良的牛肉。其屠宰率可达63%以上，净肉率达54%以上，产品可供星级涉外饭店，牛肉质量介于美国标准的特等和优等之间，达到日本标准A2～A3水平。

14. 如何进行育成牛育肥?

育成牛育肥多采用精料型育肥模式和围栏肥育法——群养、自由采食、自由饮水。

适用于地方良种黄牛及改良牛的育肥生产。育肥开始体重250～270千克，年龄12～14月龄，育肥期要求10～12个月，育肥结束年龄不超过24～26月龄，育肥结束体重为500～580千克，育肥期间日增重要求850克以上。屠宰率63%～66%，牛肉大理石状花纹等级达1～2级，胴体等级要求1～2等。其技术方案如下。

育肥前期：时间为整个育肥期的2/3（240天左右），以干物质计算，料草比例为60～65∶40～35，日增重800克。

育肥后期：时间为整个育肥期的1/3（120天左右），以干物质计算，料草比例为75～80∶25～20，日增重1100克。

精饲料的首选品种是玉米（玉米子实或带穗玉米青贮），其次是棉籽饼、胡麻饼、大麦和麦麸。精饲料形状以粗粒饲料较好，粗粒饲料通过瘤胃速度慢，便于消化吸收，并可促进瘤胃蠕动，尤其是对活动少的舍饲牛作用更加明显。

粗饲料在精料型育肥模式中，主要是刺激瘤胃的蠕动，促进反刍，防止精饲料造成的酸中毒，维护牛体健康。其首选品种是青干杂草，其次是农作物秸秆——玉米秸、杂粮秸、麦秸等。

15. 怎样进行架子牛育肥？

架子牛育肥又叫后期集中育肥，顾名思义，前期吊架子，即利用肉牛特殊的消化功能以及具有补偿生长特性，以粗饲料为主，用于降低饲养成本。精饲料相对集中在育肥后期催肥使用。由于在前期大量应用饲草，锻炼了牛的消化器官，使牛在中后期具有较大的采食量和很强的消化能力，从而可充分发挥补偿生长的特点和优势，获得满意的育肥效果。一般选择体重250千克左右青年牛进行，育肥期通常可分3期进行。

前期约150天，日粮以优质青干草、氨化秸秆、玉米黄贮等优质粗饲料为主，视粗饲料质量而补喂少量精饲料，日增重达400～500克即可；

中期150天，日增重指标为1000克，此期适当加大精饲料比例，日粮要求蛋白质水平相对较高，而能量水平相对较低，利用牛的补偿生长，饲料报酬高，增重效果好；

后期150天，为肉质改善期，日增重拟订为800克，日粮蛋白质水平相对降低，能量水平相对提高，以利脂肪沉积，并渗透于肌纤维间，形成大理石状花纹。育肥结束体重500～600千克。

架子牛育肥初始的牛龄范围较大，牛源较广，便于组织，相对生产成本较低是架子牛育肥的主要优势。出栏时牛龄较大，其牛肉质量也略次于直线育肥牛。

16. 什么是高档肉牛，如何生产？

高档肉牛即生产高档牛肉的牛，高档牛肉在嫩度，风味、多汁性等主要指标需达到规定的等级标准。一般每头高档肉牛可生产高档牛肉 30～40 千克（其他的肉可以作为优质牛肉），每千克高档牛肉的价格可数倍甚至数十倍高于普通牛肉。因此，育肥高档肉牛，生产高档牛肉，具有十分显著的经济效益和广阔的发展前景。

其主要生产环节如下。

（1）**严格控制育肥牛的年龄**　育肥牛要求挑选 6 月龄断奶的牛犊，体重 200 千克以上，育肥到 18～24 月龄屠宰。

（2）**严格要求屠宰体重**　育肥牛到 18～24 月龄（即屠宰前）的活重应达到 500 千克以上，没有这样的宰前活重，牛肉的品质达不到"优质"级标准。因此，育肥高档肉牛，既要求控制育肥牛的年龄，又要求达到一定宰前体重，两者缺一不可。

（3）**选择优良品种**　育肥高档肉牛最好挑选纯种肉牛，如夏洛莱牛、利木赞牛、安格斯牛等，其次是改良牛或杂交一代牛。因为改良牛和杂交一代牛具有增重快，牛肉品质优良的特点。另外，选用我国优良的地方品种牛，如晋南牛、秦川牛等，也可以生产出高档牛肉。

（4）**育肥期**　一般育肥期应达到 12 个月，要求分阶段饲养。前 4 个月为育肥准备期，日粮可以优质牧草为主，精饲料占日粮的40%，日粮中粗蛋白质含量 12%，每头牛日采食干物质 4 千克左右，日增重达到 600 克左右；强度育肥期为 8 个月。如果计划育肥牛到 18 月龄、体重 500 千克左右时屠宰，则日粮安排具体如下。

250～350 千克体重阶段，日粮中精饲料比例占 55%，粗蛋白质含 13%，每头牛日采食干物质 6.2 千克，饲养期 65 天，日增重700 克左右；

350～450 千克体重阶段，日粮中精饲料比例占 75%，粗蛋白质含 11.5%，每头牛日采食干物质 7.6 千克，饲养期 55 天，日增重

1.1千克；

450～550千克体重阶段，日粮中精饲料比例占75%～80%，粗蛋白质含10%，每头牛日采食干物质7.6～8.5千克，饲养期120天，日增重1.1千克。

（5）科学规范化的饲养管理

第一，育肥前进行健康检查，驱虫防疫，公牛去势等。

第二，育肥期精饲料配方：玉米62%、麦麸10%、豆饼15%、高粱10%、预混料3%。饲草采用新鲜的牧草和豆料青干草，优质青贮饲料及农作物秸秆调制的氨化、微贮饲料为主。

第三，育肥牛要求采用舍饲或围栏饲养。舍饲时，要一牛一桩固定拴系，缰绳不宜太长；围栏饲养时，育肥牛散养在围栏内，每栏15头左右，每头牛占有面积4～5米^2，自由采食、饮水。

第四，日粮中精饲料比例上升到75%以上时，要注意牛的正常反刍、嗳气等消化系统的表现，一旦发病及时治疗。

17. 如何进行高端牛肉的品质调控？

（1）**肌肉色泽调控**　除性别、年龄、品种的影响外，日粮影响是可以控制的。一般日粮缺乏铁时间长，会使牛血液中铁浓度下降，导致肌肉中铁元素分离，补充血液铁不足，使肌肉颜色变淡，但会损害牛的健康和妨碍增重，所以只能在计划出栏期前30～40天内应用。肌肉色泽过浅（如母牛），则可在日粮中使用含铁高的草料。例如，鸡粪再生饲料、番茄、格兰马草、须芒草、阿拉伯高粱、菠萝皮（渣）、椰子饼、红花饼、玉米酒糟、燕麦、芝麻饼、马铃薯及绿豆粉渣、黑麦青草、燕麦麸、绛三叶、苜蓿等，也可在精饲料中配入硫酸亚铁等，使每千克精饲料中铁含量提高到500毫克左右。

（2）**脂肪色泽调控**　脂肪色泽越白与亮红色（肌肉在空气中氧化形成氧合肌红蛋白时的色泽）相衬，才越悦目，才能被评为高等级。脂肪越黄，观感越差，会使肉降低等级。脂肪颜色变黄，主要是由于花青素、叶黄素、胡萝卜素沉积在脂肪组织中所造成。牛随日龄增大，脂肪组织中沉积的上述色素物质增加，使颜色变深。要使得肌肉内外脂肪近乎白色，可对年龄较大的牛（3岁以上），采用可溶性色素少的草料作日粮。脂溶性色素物质较少的草料有：干草、秸秆、白玉米、大麦、椰子饼、豆饼、豆粕、啤酒糟、粉渣、甜菜渣、糖蜜等。用这类草料组成日粮饲喂3个月以上，可明显地使脂肪颜色变浅。一般育肥肉牛在出栏前30天最好禁用胡萝卜、番茄、南瓜、黄心或红心或花心的甘薯、黄玉米、鸡粪再生饲料、青草、青贮饲料、高粱糠、红辣椒、苋菜等，以免使脂肪色泽变黄。

（3）牛肉嫩度调控　使肉质更嫩的办法是尽量减少牛的活动，同时尽量提高日增重。牛肉脂肪中饱和脂肪酸含量较多，是影响牛肉嫩度的重要因素。为增加牛肉中不饱和脂肪酸的含量，特别是增加多不饱和脂肪酸的含量来提高牛肉的鲜嫩效果，可通过适量增加以鱼油为原料（海鱼油中富含 $\omega-3$ 多不饱和脂肪酸）的钙皂，加入饲料中来达到，一般用量不要超过精饲料的3%，以免牛肉产生鱼腥味。

在牛的配合饲料中注意平衡微量元素的含量，一方面可以得到1：10以上的增产效益，同时有利于提高牛肉的风味。

18. 如何提高育肥牛的饲养效果？

首先提高粗饲料的质量，如调制玉米全株青贮、氨化秸秆、人工优质牧草等。青粗饲料质量提高，则减少精料比例，也可获得同样日增重，而避免牛消化器官疾病发生。氨化秸秆除提高营养价值外，还增加了对酸的缓冲能力，把它与青贮饲料混合饲喂，可降低青贮饲料低 pH 值的负面影响，使采食量增大，对高精料日粮，则可降低精饲料在瘤胃发酵快生成酸量大的负面影响。

肉牛育肥要求沉积脂肪，所以要求日粮为高热能类。配合饲料谷实类比例大。谷实类含淀粉多，生淀粉主要在瘤胃中被细菌分解为有机酸（丙酸比例大），被吸收后丙酸等转化为脂肪。谷类粉碎后随细度的增加，影响牛的适口性，过粗则未完全消化即排出体外，造成浪费，而且牛的小肠淀粉酶分泌量不足，活性低，消化生淀粉的能力有限。所以，在高谷实类精饲料喂量大时，会影响牛的采食量。对谷实采取蒸汽压扁和膨化处理可提高适口性和采食量，经蒸汽压扁或膨化处理可使其淀粉糊精化，牛小肠中麦芽糖酶的量与活性优于淀粉酶，使到达小肠的谷实残余得到较充分消化，减免结肠反应，并由于小肠消化获得较多葡萄糖，使瘤胃产生的乙酸转化为脂肪的效率提高。综合效果，这两种加工可使谷实的转化率提高 10%～15%。

采取制作高温颗粒饲料也是极有效的提高采食量和饲料效果的方法，但成本也增加。

没有条件对谷实作蒸汽压扁、膨化或制粒时，可将谷实粗粉（2毫米）用常压蒸汽处理20～30分钟，凉至适温饲喂，也可得到相似效果。在相同育肥期下，牛的日增重、胴体背膘厚、大理石花纹、胴体重、净肉率等，熟化处理后的饲喂效果均明显提高。

也可减少谷类，增加蛋白质饲料的比例（如减少玉米20%，用饼粕代替），则牛食欲也旺盛，不存在剩料。因为减少谷实粉的比例，未消化淀粉残渣到达小肠的量减少，不易超过消化生淀粉的能力。过量的蛋白质转化为氨基酸被牛消化吸收，在肝脏脱氨基转化为葡萄糖，这个过程能量损失为18%左右，但由于葡萄糖来源增加使乙酸沉积效率提高，也弥补了大部分脱氨基的能量损失，所以效果也颇佳。用饼粕代替部分谷实，在炎热的夏季具有积极意义，因为蛋白质在瘤胃降解一般有半数左右，增加饼粕可减少在瘤胃被发酵的物质，使发酵热减少；而且淀粉是易发酵物，食入后瘤胃发酵短时产生大量热，外界气温偏高时，发酵热散发不畅，瘤胃内温度上升，若超过40℃时，则使瘤胃微生物的繁殖与活性下降，消化能力降低。所以，增加饼粕比例可起到降低发酵热作用，使瘤胃功能保持正常。因此，这种方法也是提高肥牛夏天抗热应激的措施之一。冬天则可保持日粮谷实的正常比例。在减少谷实比例的同时，可在配合料中喷入油脂，或用整粒棉籽和膨化大豆代替部分配合料，都能明显提高育肥效果。油脂喷入量以不使日粮脂肪含量超过 6% 为佳，一般可在精饲料中按 6%～8% 喷入。采用钙皂（脂肪酸钙）加入效果更好，可在精饲料中加入 12%～14%，但钙皂成本较高。

利用各种糟渣类副料代替部分精料。可降低日粮成本，提高经济效益。一般糟渣类虽然纤维素含量偏高，但其物理性状酷似精料，因此喂量过大同样造成消化紊乱，一般喂量达到日粮的 20%（按干物质计算）效果较好，极限用量不要超过 50%，否则会出现负面效应。按喂量适当减少精料量，注意补充充足的矿物质、维生素、微量元素和缓冲剂。

育肥期日粮多为高精料类型，必须适量使用缓冲剂，以减免瘤胃酸中毒，提高饲料消化率。缓冲剂可采用 3 份小苏打与 1 份氧化镁组成，日粮添加量占精料的 0.5%～1%。

日粮稳定十分重要，育肥牛日粮的更换，必须具有 10～15 天的过渡期。

（1）增加日喂次数　育肥牛以自由采食最好。不具备自由采食条件的饲养者多采用日喂 2 次的饲养方式，并不科学。日喂 2 次相当于人为限制了牛的采食，因为牛的瘤胃容积所限，2 次饲喂平均瘤胃充满的时间少，而自由采食则全天充满时间最长，达到充分采食。若延长饲喂时间，则往往造成牛连续长时站立，增加能量消耗，影响饲喂效果。在高精料日粮下，自由采食明显地降低消化道疾病的发病率。例如，瘤胃酸中毒。日喂 2 次时，由于精饲料集中 2 次食入，瘤胃中峰值精饲料量高，短时激烈发酵，产生有机酸量大，这峰值时使瘤胃 pH 值降到 5 以下造成酸中毒，而全天自由采食则不会出现发酵的明显峰值，使牛耐受高精饲料日粮，效果较好。研究表明，日喂 3 次效果远较日喂 2 次好，高精饲料发酵造成有机酸量峰值几乎下降 1/3。日喂 4 次较日喂 3 次好，但日喂 4 次饲养员劳动强度大，使所得饲养效果的经济效益与人工投入相抵消。全天自由采食则常造成草料浪费，使成本增加。以采取 3 次不均衡上槽（6:30～8:30、13:30～15:30、20:00～21:30），每天总上槽时间为 5 个半小时到 6 个小时，效果较好。

（2）科学选用饲喂方法

①**先粗后精饲喂法**　即过去我国农村饲喂役牛的方法。此法是在精饲料少的时候效果好。适用于育肥早期或吊架子阶段。但日喂精饲料量大时，牛的食欲降低，牛等待吃副料和精饲料，并不好好吃粗饲料，使总采食量下降，下槽后剩料多，造成浪费。

②**先精后粗饲喂法**　即先喂精饲料和副料，后喂粗料，则可避免上述缺点，但是又存在新的问题，当牛食欲欠佳时，吃光了精饲料和副料不再吃粗饲料，造成精粗比例严重失调，导致消化失调、紊乱和酸中毒等，经济损失大。

③**全混合日粮饲喂法**　即把精饲料和青粗料、副料混合成"全日粮"饲喂，是目前最好的投喂方法。这种处置可减轻牛挑食、待食和牛采食速度过快，采食量大，由于各种饲料混合后食入，不会产生精粗饲料比例失调，每顿食入日粮性质、种类、比例均一致，瘤胃微生物能保持最佳的发酵（消化）区系，使饲料转化率达到最佳水平。但全日粮要现拌现喂，保持新鲜。

七、母牛繁殖机制与技术调控

1. 母牛生殖器官由哪几部分构成，其功能如何？

母牛生殖器官主要包括：卵巢、输卵管、子宫、阴道、尿生殖道前庭和阴门等（图 7-1、图 7-2）。

（1）卵巢　卵巢左右侧各 1 个。形状为扁卵圆形，位于子宫角尖端两侧，每侧卵巢的前端为输卵管端，后端为子宫端。青年母牛的卵巢均在耻骨前缘之后，经产母牛的卵巢随妊娠而移至耻骨前缘的前下方。

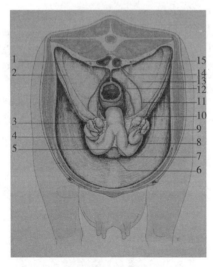

图 7-1　母牛盆腔生殖器官（前面观）

1. 后腔静脉　2. 子宫阔韧带前缘　3. 输卵管伞　4. 卵巢韧带　5. 膀胱体　6. 膀胱顶　7. 子宫角间韧带　8. 子宫角　9. 输卵管　10. 卵巢　11. 卵巢动脉　12. 子宫动脉　13. 子宫阔韧带　14. 腹主动脉　15. 输尿管

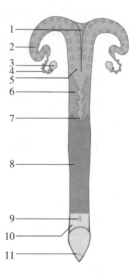

图 7-2　母牛生殖器官示意图

1. 子宫角间韧带　2. 子宫角与子宫肉阜　3. 卵巢　4. 输卵管　5. 子宫体　6. 子宫颈　7. 子宫颈外口　8. 阴道　9. 尿道外口　10. 阴道前庭　11. 阴门

卵巢是卵泡发育和排卵的场所。卵巢皮质部分布着许多原始卵泡，经过各发育阶段，最终形成卵子而排出。排卵后，在原卵泡处形成黄体。黄体能分泌孕酮，它是维持妊娠所必需的激素之一。在卵泡发育过程中，包围在卵泡细胞外的两层卵巢皮质基质细胞形成卵泡膜，卵泡膜分为内膜和外膜。内膜分泌雌激素，以促进其他生殖器官及乳腺的发育，也是导致母牛发情的直接动因。

（2）输卵管　输卵管是位于每侧卵巢和子宫角之间的一条弯曲管道。

输卵管的前端扩大呈漏斗状，称为输卵管漏斗。漏斗的边缘为不规则的皱裙，称输卵管伞，其前部附着在卵巢前端。漏斗中央的深处有一口为输卵管腹腔口，与腹膜腔相通，卵子由此进入输卵管。输卵管前段管径最粗，也是最长的一段，称输卵管壶腹，后端较狭而直，称输卵管狭部，以输卵管子宫口开口于子宫腔。输卵管与子宫角交界处无明显界限。

输卵管的功能是承受并运送卵子，也是精子获能、受精，以及卵裂的场所。输卵管上皮的分泌细胞在卵巢激素的作用下，在不同的生理阶段，分泌出不同的精子、卵子及早期胚胎的培养液。输卵管及其分泌物生理生化状况是精子及卵子正常运行、合子正常发育及运行的必要条件。输卵管具有四大生理功能：首先是借助输卵管纤毛的摆动、管壁的蠕动等输送卵子和精子；其二是精子的获能，经子宫进入输卵管的精子达到输卵管的壶腹部时，完成获能，具有受精能力；其三是受精和受精卵的分裂，输卵管的壶腹部为受精部位；其四是分泌精子、卵子及受精卵的培养液，维持其正常生理活动。

（3）子宫　子宫位于直肠下方，悬挂在子宫阔韧带上。由左右2个子宫角、1个子宫体和1个子宫颈构成。

子宫角为子宫的前端，前端通输卵管，后端会合而成为子宫体。子宫体向后延续为子宫颈，平时紧闭，不易开张。子宫颈后端开口于阴道，又称子宫颈外口。

子宫是胚胎发育和胎儿娩出的器官。子宫黏膜内有子宫腺，分泌物对早期胚胎有营养作用。随着胚泡附植的完成与胎盘进行交换气体、养分及代谢物，这对胚胎的发育极为重要。此外，母牛妊娠期间，胎盘所产生的雌激素可刺激肌肉的生长及肌红球蛋白的合成。在妊娠末期，胎盘产生的雌激素逐渐增加，为提高子宫的收缩能力创造条件；而且能使子宫、阴道、外阴及骨盆韧带变松软，为胎儿顺利娩出创造条件。

（4）阴道　阴道位于骨盆腔内。前接子宫，后接尿生殖前庭。阴道在生殖过程中具有多种功能。是母牛的交配器官和分娩的产道。

（5）外生殖器　外生殖器包括尿生殖前庭和阴门。尿生殖前庭，是左右压扁的短管，长 10～12 厘米，前接阴道，后连阴门。阴道与前庭之间以尿道口为界。阴门，又称外阴。是尿生殖前庭的外口，也是泌尿和生殖系统与外界相通的天然孔。外生殖器官是交配器官和产道，也是母牛排尿必经之路。

2. 如何划分与利用母牛的性发育阶段？

母牛性功能发育一般简单的划分为初情期、性成熟期与繁殖利用期。

（1）初情期　初情期指的是母牛第一次发情和排卵的时期。母牛的初情期一般在 6～12 月龄。此阶段，母牛处于快速生长发育期，机体尚小，虽偶有发情行为，但繁殖功能尚未健全。

（2）性成熟　性成熟指的是母牛具有完整的周期性的发情表现，可排出具有受精能力的卵子，形成了有规律的发情周期，具备了繁殖能力，叫作性成熟。牛的性成熟期多在 12～14 月龄。此阶段母牛虽具备了繁殖能力，但机体发育仍然尚小，不宜配种妊娠。

（3）初配适龄　性成熟的母牛虽然已经具有了繁殖后代的能力，但母牛的机体发育并未成熟，全身各器官系统尚处于幼稚状态，此时尚不能参加配种，承担繁殖后代的任务。只有当母牛生长发育基本完成时，其机体具有了成年牛的结构和形态，达到体成熟时才能参加配种。养牛生产中常常见到有些养牛户给育成母牛过早配种，这种现象会对母牛生长发育产生不良影响，因为此时的育成母牛身体的生长发育仍未成熟，还需要大量的营养物质来满足自身的生长发育需要，倘若过早地使之配种受胎，则不仅会影响母牛身体的生长发育，造成母牛个体偏小，分娩时由于身体各器官系统发育不成熟而易于难产，而且还会使母牛腹中的胎儿由于得不到充足的营养而体质虚弱，发育不良，甚至娩出死胎。通常育成母牛的初次输精（配种）适龄为 15～18 月龄，或达到成年母牛体重的 70% 为宜（300～400 千克）。

（4）**使用年限**　所有动物的繁殖能力都有一定的年限，其长短取决于动物的品种、饲养管理水平和健康状况。一般肉用母牛使用年限为 9～11 胎。超过繁殖年限，繁殖力大大下降，应及时淘汰。

3. 如何划分母牛的发情与发情周期？

（1）**发情的概念**　母牛发育到一定年龄，便开始出现发情。发情是未孕母牛所表现的一种周期性变化。发情时，卵巢上的卵泡迅速发育，它所产生的雌激素作用于生殖道，使之产生一系列变化，为受精提供条件；雌激素还能使母牛产生性欲和性兴奋，主动接近和接受公牛或其他母牛爬跨，把这种生理现象称为发情，其表现则称为发情行为。

（2）**发情周期**　母牛到了初情期后，生殖器官及整个机体便发生一系列周期性的变化，这种变化在未妊娠的情况下，周而复始，一直到性功能停止活动的年龄为止。这种周期性的性活动，称为发情周期。发情周期通常是指从一次发情的开始到下一次发情开始的间隔时间。母牛的发情周期平均为 21 天（18～24 天）。发情周期受光照、温度、饲养管理等因素影响。根据生理变化特点，一般将发情周期分为发情前期、发情期、发情后期和休情期等几个阶段。

①**发情前期**　此时的母牛尚无性欲表现，卵巢上功能黄体已

经退化，卵泡已开始发育，子宫腺体稍有生长，阴道分泌物逐渐增加，生殖器官开始充血，持续时间 4～7 天。

②**发情期** 卵泡已经成熟，继而排卵，发情征状集中出现。处于发情期的母牛常有较强烈的性欲表现，尤以接受其他牛爬跨为基本外部特征，哞叫，食欲减退，产奶量下降等。卵巢上的卵泡迅速发育；子宫腺体分泌出黏液，子宫颈口开张；外阴黏膜和阴蒂充血，肿胀。发情持续时间平均 18 小时（6～36 小时）。

③**发情后期** 此时母牛由性兴奋转入安静状态，发情征状开始消退。卵巢上的卵泡破裂，排出卵子，并形成红体。子宫分泌出少而稠的黏液，子宫颈口收缩。发情后期的持续时间为 5～7 天。此阶段卵巢的排卵部位由刚排卵后的红体转为白体，继而形成黄体。

④**休情期** 为周期黄体功能时期，其特点是黄体逐渐萎缩，卵泡逐渐发育，从上一次发情周期过渡到下一次发情周期，母牛休情期的持续时间为 6～14 天。如果已妊娠，周期黄体转为妊娠黄体，直到妊娠结束前不再出现发情。

（3）**排卵时间** 成熟的卵泡突出于卵巢表面而破裂，卵母细胞和卵泡液及部分卵丘细胞一起排出，称为排卵。正确地估计排卵时间是保证适时输精的前提。在正常营养水平下，76% 左右的母牛在发情开始后 21～35 小时或发情结束后 10～12 小时排卵。

（4）**分娩后发情的出现时间** 母牛分娩后，需要有一段生理恢复过程，主要是子宫有一段恢复时间。产后第一次发情距分娩的时间平均为 63 天，奶牛为 30～72 天，肉牛为 40～104 天，黄牛为 58～83 天，水牛为 42～147 天。母牛在产犊后持续哺乳犊牛，会有相当数量的个体推迟发情。在营养供应不足或管理水平低下时，通常会出现隔年产犊现象。

（5）**发情季节** 牛是常年、多周期发情动物，正常情况下，可以常年发情、配种。但由于营养和气候因素，部分母牛在冬季很少发情。大部分母牛多在牧草丰盛季节（6～9 月份）膘情恢复后，集中出现发情。这种非正常的生理反应可以通过提高饲养水平和改善生产环境条件来克服。

4. 如何进行母牛的发情鉴定?

发情鉴定的目的是找出发情母牛,确定最适宜的配种时间,防止误配、漏配,提高受配率、受胎率和母牛的繁殖产犊率。母牛发情鉴定的方法主要有外部观察法、阴道检查法和直肠检查法(简称直检)。

(1)外部观察法 主要是根据母牛的精神状态、外阴部变化及阴门内流出的黏液性状来判断是否发情。发情母牛多表现有站立不安,大声鸣叫,弓腰举尾,频繁排尿,相互舔嗅后躯和外阴部,食欲下降,反刍减少。发情母牛阴唇稍肿大、湿润、黏液流出量逐渐增多。发情早期黏液透明或呈牵缕状。由于多数母牛在夜间发情,因此在接近天黑和天刚亮时观察母牛阴门流出的黏液情况,判断母牛发情的准确率很高。在运动场最易观察到母牛的发情表现,如母牛抬头远望、东游西走、嗅其他牛、后边也有牛跟随,这是刚开始发情。发情盛期时,母牛稳定站立并接受其他牛的爬跨。只爬跨其他母牛,而不接受其他母牛爬跨的,一般不是发情牛,应注意区别。发情盛期过后,发情母牛逃避爬跨,但追随的牛又舍不得离开,此时进入发情末期。母牛的发情行为有一定的过程,见图7-3。

图中:1.牤牛接近发情母牛;2.牤牛准备爬跨发情母牛;3.牤

图7-3 牛发情行为的过程

牛向发情母牛跳起，爬跨开始；4.牤牛在发情母牛背上向前移动；5.发情母牛站立不动，爬跨的母牛进行骨盆部的收缩；6.牤牛的胸部从发情母牛的背部滑下而结束爬跨。在生产中应建立配种记录和发情预报制度，对预计要发情的母牛加强观察，每天观察2～3次。有助于提高发情母牛的检出率。

（2）阴道检查法　主要根据母牛生殖道的变化，来判断母牛发情与否。其方法是将母牛保定，用0.1%高锰酸钾溶液或1%～2%来苏儿溶液消毒外阴部，再用清水冲洗，用经消毒的毛巾擦干。用消毒的开膣器打开阴道，借助手电筒或特制光源观察子宫颈口、黏膜的状态及黏液等的变化情况：发情母牛子宫颈口开张，黏膜潮红、黏液量多。阴道检查常作为生产中发情鉴定的辅助手段。

（3）直肠检查法　根据母牛卵巢上卵泡的大小、质地、卵巢壁厚薄等来综合判断母牛是否发情。方法是将牛保定，术者指甲剪短并磨光滑，戴上长臂塑料手套，用肥皂水或其他润滑剂涂抹手套。术者手指并拢呈锥状插入肛门，先将直肠内的宿粪掏净，再将手臂慢慢伸入直肠（图7-4），可摸到坚硬索状的子宫颈及较软的子宫体、子宫角和角间沟，沿子宫角大弯至子宫角顶端外侧，即可摸到卵圆形或扁球形的卵巢（图7-4，图7-5）。

图7-4　牛的直肠检查

图7-5　牛直肠检查子宫触摸示意图

牛卵泡的发育可分为 4 期，见图 7-6。

图 7-6　卵泡发育期别与形态

第一期（卵泡出现期）　卵泡直径 0.5～0.7 厘米，突出于卵巢表面，波动性不明显，此期内母牛开始发情，持续时间 6～12小时。

第二期（卵泡发育期）　卵泡直径 1～1.5 厘米，呈小球状，明显突出于卵巢表面，弹性增强，波动明显。此期母牛呈现发情表现：明显—强烈—减弱—消失，该过程全期 10～12 小时。

第三期（卵泡成熟期）　卵泡不再增大，卵泡壁变薄，弹性增强，触摸时有一压即破之感，此期持续 6～8 小时。此期母牛发情表现完全消失。

第四期（排卵期）　卵泡破裂排卵，卵泡等变为松软皮样，触摸时手感有一小凹陷。

5. 母牛的异常发情有哪些，如何解决？

正常母牛发情周期平均为 21 天（18～24 天），青年母牛比成年母牛短些。在临床上，常因为营养不良、饲料单一、哺育犊牛、环境恶劣等因素，导致体内激素分泌失调，引起异常发情，造成失配或误配。临床常见的异常发情与处理方法简介如下。

（1）安静发情（隐性发情）　母牛在发情时缺乏发情的外部表现，但其卵巢内有卵泡发育成熟而排卵，称为隐性发情、安静发情或安静排卵。一般带犊母牛易发生安静发情。其主要原因是体内生殖激素分泌失调，雌激素分泌不足，或是促乳素分泌不足，孕酮不足，降低其神经中枢对雌激素的敏感性。对此类母牛应加强饲养管理，饲喂维生素、微量元素、矿物质含量较高的全价料，随时注意观察，增加直肠检查（以下简称直检）触摸次数，及时输精。

（2）**断续发情**　牛发情时间延长，有时可达30～90天，并呈现时断时续的发情。断续发情多发生于早春营养不良的母牛，原因多为卵巢功能不全引起卵泡交替发育。对此类母牛除加强饲养管理外，可注射排卵2号、排卵3号。这两种激素有促使卵泡发育、成熟排卵的效果。在注射激素的同时进行输精，可有效提高情期受胎率。

（3）**持续发情**　母牛表现持续发情，求偶欲强烈，而屡配不孕，俗称"慕雄狂"。出现持续发情的主要原因是卵泡发育过程中，受到特定应激而变性，形成囊肿所致，及时治疗可收到良好效果。

（4）**久不发情**　母牛长期无明显发情表现，未见有排卵迹象。这是养牛生产中常见的繁殖障碍。其主要原因在于产后营养不平衡；卵巢或子宫疾病，暑期热应激，其他全身性疾病等，应及时治疗。

（5）**妊娠期发情**　妊娠期发情也称假发情，是指母牛在妊娠期仍有发情表现，约占30%左右的妊娠母牛有假发情，尤其是妊娠3个月以内的母牛发生率较高。其原因主要是由于生殖激素分泌失调，孕酮不足，雌激素过高而引起的，严重时会造成早期激素性流产。对于此类母牛发情，要采用看黏液变化、子宫颈变化，直检方法综合判定。直检应慎重，尤其是对妊娠25～40天的母牛。直检时要注意区别黄体与卵泡的不同，黄体呈扁圆形，卵泡为圆形或扁圆形；黄体触摸肉样，无弹性感觉，而卵泡有波动、有弹性，并有进行性变化，要认真检查，防止误诊误配，引起流产。

（6）**短促发情**　短促发情是指母牛发情期非常短促，如不注意观察，极易错过配种时机。其原因可能是发育的卵泡迅速成熟排卵，也可能是因卵泡停止发育或发育受阻而缩短了发情期。对于前者原因造成的短促发情，要及时直检输精；对于卵泡发育停滞受阻的，可注射孕马血清或三合激素等进行治疗。

（7）**二次发情**　二次发情也称打回栏。临床上约占30%的产后母牛，产后第一次发情、排卵、配种后，接着又很快出现第二次发情，与第一次发情间隔少则3～5天，多则7～10天，但发情表现明显。对"打回栏"母牛要及时进行直肠检查和第二次输精，通常情况下，这类牛二次输精的准胎率较高。

6. 为什么要进行人工授精，有什么优越性？

人工授精是以人工的方法利用器械采集雄性动物的精液，经检查与处理后，再输入到雌性动物生殖道内，达到妊娠的目的，以代替自然交配的一种妊娠控制技术（图7-7）。

人工授精是养牛业最有价值的技术和管理手段。这一技术高效地利用了优秀种公牛个体的大量精子资源，极大地增加了遗传进展并提高了繁殖效率。

图7-7 母牛的人工授精

人工授精技术有利于充分利用优秀的遗传资源，加快遗传进展，在生产中便于繁殖管理，降低饲养种公牛的成本，提高经济效益。防止各种疾病，特别是生殖道传染病的传播。目前，人工授精技术已成为肉牛高效快繁的重要手段，这对提高肉牛繁殖速度、加快黄牛改良进程和提高肉牛业生产效率具有重大推动作用。

7. 对母牛进行人工授精需要做哪些准备工作？

（1）精子贮存与检验室　即精子贮存和活力检查室。要求保持干净，经常用清水冲洗降尘，地面保持干净。室内陈设力求简单整洁，不得存放有刺激气味物品，禁止吸烟。除操作人员外，其他人一律禁止入内。室温应保持18℃～25℃。

（2）优质精液的选购　选购精液常用小型液氮罐（3升）作为采购运输工具。外购肉牛精液要结合本地牛群育种改良计划，有目的、有计划地选购，要选优秀高产且育种值高的种公牛，种公牛的外貌评分优秀，父母的表现良好，其精液的质量优良，解冻后镜检活力达 0.3 以上，即可作为选购目标。

（3）冷冻精液的贮存与保管

为了保证贮存于液氮罐（图 7-8）中的冷冻精液品质，不致使精子活力下降，在贮存及取用时应做到以下几点。

图 7-8　精液贮存罐（液氮罐）

第一，按照液氮罐保温性能的要求，定期添加液氮，罐内盛装贮精袋（内装细管或颗粒）的提斗不得暴露在液氮面外。注意随时检查液氮存量，当液氮容量剩 1/3 时，需要添加。当发现液氮罐口有结霜现象，并且液氮的损耗量迅速增加时，是液氮罐已经损坏的迹象，要及时更换新液氮罐。

第二，从液氮罐取出精液时，提斗不得提出液氮罐口外，可将提斗置于罐颈下部，用长柄镊夹取精液，越快越好。

第三，液氮罐应定期清洗，一般每年 1 次。将贮精提斗向另一超低温容器转移时，动作要快，贮精提斗在空气中暴露的时间不得超过 5 秒钟。

8. 如何确定人工输精时机和次数？

发情鉴定是肉牛配种的基础，其关键在于如何准确掌握输精适宜时间。生产上常规输精实行上午（早晨）发情下午输精，第二天早晨再输 1 次；下午（晚班）发情第二天早晨输精，然后下午（晚班）再输 1 次。为了准确把握输精适期，一般可掌握在母牛发情后期进行输精，此时母牛的发情表现已停止，性欲特征已消失，黏液量减少，呈乳白色糊状，牵缕性差。通过直肠检查可感到卵巢上的卵泡胀大，表面紧张，有明显波动感，好像熟透的葡萄，呈一触即破状态。如感到卵巢上出现小坑，说明卵巢已排卵，可立即追配。总之，发情鉴定要综合判断，既要看外部发情表现，又要结合直肠检查，才能准确掌握输精适期，提高受胎率，达到多产犊的目的。

9. 人工授精的具体程序有哪些?

（1）输精前准备

①动物和器械准备　人工授精用的器材主要是：精液运输时保存精液的设备、输精管或输精枪等。首先要将输精器具和母牛后躯清洗消毒，输精器具消毒常用恒温（160℃～170℃）干燥箱。开腟器等金属用具可冲洗后浸入消毒液中消毒或使用前酒精火焰消毒。输精器外套每牛每次 1 支，不得重复使用。采用细管精液输精枪，塑料外套应保持清洁，不被细菌污染，仅限使用 1 次。母牛外阴部清洗消毒：先用清水洗，接着用2% 来苏儿或 0.1% 新洁尔灭溶液消毒外阴部及周围，然后用生理盐水或蒸馏水冲洗，用消毒抹布或纸巾擦干。

②解冻精液　解冻精液，并镜检精子活力。目前常用精液制剂有两种：一种为细管型，另一种为颗粒型。细管冻精则可直接把细管放入 40℃温水中进行解冻。而颗粒型精液解冻，通常把解冻用稀释液 1～1.5 毫升（2.9% 的二水柠檬酸钠），置于解冻杯中，放入 40℃温水中预热，然后放入冻精颗粒；解冻后应镜检精子活力，确认合格后方可置入输精管（枪）备用。精液解冻后应立即使用，不可久置。

（2）输精操作　输精员清洗消毒手及手臂，涂上软皂，准备好输精器。将母牛拉进配种架，固定好头、尾，把母牛的外阴及尾根清洗干净、擦干。输精员一手五指合拢呈圆锥形，左右旋转，从肛门缓慢插入直肠，排净宿粪，寻找并把握住子宫颈口处，同时直肠内手臂稍向下压，阴门即可张开；另一手持输精器，把输精器尖端稍向上斜插入阴道4～5 厘米，再稍向下方缓慢推进，左右手互相配合把输精器插入子宫颈，当输精器尖端到达子宫颈深部时，即可挤出精液。输精完毕，稍按压母牛腰部，防止精液外流。

在输精过程中，如遇到阻力，不可将输精器硬推，可稍后退并转动输精器再缓慢前进。如遇有母牛努责时，一是助手用力压掐母牛腰部，二是输精员可握着子宫颈向前推，以使阴道肌肉松弛，利于输精器插入。青年母牛子宫颈细小，离阴门较近；老龄母牛子宫颈粗大，子宫往往沉入腹腔，输精员应手握子宫颈口处，以配合输精器插入。人工授精的操作手法见图7-9、图7-10。

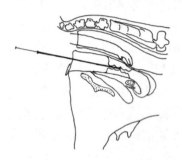

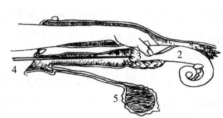

图7-9　人工输精示意图　　　　图7-10　正确的输精手法

输精完毕，将所用器械清洗消毒备用。

输精量1次1剂，若用二次复配法，则每次1剂。如果能准确确定排卵时间，则可采用一次配种法。

10. 如何确定母牛的配种时间?

（1）育成牛最佳初配年龄的选择　　决定育成牛初配的年龄，主要根据牛的生长发育速度、饲养管理水平、气候和营养等因素综合考虑，但最重要的是根据牛的体重确定。一般情况下，育成母牛的体重要达到成年牛标准体重的70%以上时（本地牛达到300千克、杂交牛350千克以上），才能进行第一次配种。为加大母牛的终生产犊数量、提高繁育母牛的养殖效益，育成牛的初配月龄具有提前趋势，因而建议加强育成牛的饲养管理，以期在15月龄左右体重达到成年体重的70%，参与配种，妊娠生产。

（2）母牛产后适宜配种时间的选择　　产后母牛的情期受胎率，是随着产后时间而提高，一般情况下，母牛在产后50天左右即可达到正常的情期受胎率。产后第一情期受胎率反映了母牛子宫复旧状况，产后 40 天以内，因母牛子宫复旧尚未完成，因此受胎率很低，当产后 40 天以后，子宫复旧过程已完成，生理机能已完全恢复，因此情期受胎率逐渐上升。若母牛体质良好，产后子宫、卵巢功能很快康复，可掌握在 30～40 天配种，但一般产后配种应控制在 60～90 天。

11. 牛的受精过程必经哪些环节？

受精是精子和卵子相融合形成一个新的细胞即合子的过程。精子和卵子的受精部位是在输卵管的壶腹部。

（1）精子在母牛生殖道的运行、获能与顶体反应 精子由输精部位通过子宫颈、子宫体、子宫角和输卵管，最后到达受精部位即输卵管壶腹部。精子运动的动力，除其本身的运动外，主要借助于母牛生殖道的收缩和蠕动以及腔内体液的作用。

精子获得受精能力的过程称为精子获能。进入母牛生殖道内的精子，经过形态及某些生理生化变化之后，才能获得受精能力。牛的精子获能始于阴道，当子宫颈开放时，流入阴道的子宫液可使精子获能，但获能最有效的部位是子宫和输卵管。牛精子获能需要 3～4 小时。

获能后的精子，在受精部位与卵子相遇，会出现顶体帽膨大，精子质膜和顶体外膜相融合。融合后的膜形成许多泡状结构，随后这些泡状物与精子头部分离，造成顶体膜局部破裂，顶体内酶类释放出来，以溶解卵丘、放射冠和透明带，这一过程称为顶体反应。精子获能和顶体反应是精子受精前准备过程中紧密联系的生理生化变化。

（2）卵子在生殖道内的运行 卵子排出后，自身并无运动能力，而是随卵泡液进入输卵管伞后，借输卵管内纤毛的颤动，平滑肌的收缩以及腔内液体的作用，向受精部位运行，在到达受精部位并与壶腹部的液体混合后，卵子才具有受精能力。牛的卵子在母牛生殖道内的存活时间为 8～12 小时。

（3）牛的受精过程 　受精过程是指精子和卵子相结合的生理过程，正常的受精过程可分为以下几个阶段。

①精子穿越放射冠 　放射冠是包围在卵子透明带外面的卵丘细胞群，受精前，卵子被大量精子包围，放射冠的卵丘细胞在排卵后3～4 小时即被经顶体反应的精子所释放的透明质酸酶溶解，使精子得以穿越放射冠接触透明带。此时卵子对精子无选择性。

②精子穿越透明带 　穿越放射冠的精子即与透明带接触并附于其上，通过释放顶体酶将透明带溶出一条通道而穿越透明带并和卵黄膜接触。

③精子进入卵黄膜 　穿过透明带的精子在与卵黄膜接触时，激活卵子，由于卵黄膜表面微绒毛的作用使精子质膜和卵黄相互融合，使精子进入卵黄。精子一旦进入卵黄后，卵黄膜立即产生一种变化，拒绝新的精子进入卵黄，称为卵黄封闭作用。这是一种防止2 个及以上精子进入卵子的保护机制。

④原核形成 　精子进入卵黄后，尾部脱落，头部逐渐膨大变圆，形成雄原核；精子进入卵黄后不久，卵子进行第二次减数分裂，排出第二极体，形成雌原核。

⑤配子配合 　两原核形成后彼此靠近，随后两核膜破裂，核膜、核仁消失，染色体混合、合并，形成二倍体的核。从两个原核的彼此接触到两组染色体的结合过程称为配子配合。至此，受精过程结束，受精后的卵子称为合子。

12. 牛胚胎的早期发育与妊娠有哪些环节？

妊娠是指从受精卵沿着输卵管下行，经过卵裂、桑甚胚和囊胚、附植等阶段，形成新个体，即胎儿，胎儿发育成熟后与其附属膜共同排出前的整个过程。

（1）胚胎的早期发育 　合子形成后立即进行有丝分裂，进入卵裂期。

①卵裂 　早期胚胎的发育有一段时间是在透明带内进行的，细

胞数量不断增加，但总体积并不增加，且有减小的趋势。这一分裂
阶段维持时间较长，叫卵裂。

②**囊胚与孵化**　当胚胎的卵裂球达到 16～32 个细胞，细胞间
紧密连接，形成致密的细胞团，形似桑椹，称为桑椹胚。桑椹胚继
续发育，细胞开始分化，出现细胞定位现象。胚的一端，细胞个体
较大，密集成团称为内细胞团；另一端细胞个体较小，只沿透明带
的内壁排列扩展，这一层细胞称为滋养层；在滋养层和内细胞团
之间出现囊胚腔，这一发育阶段叫囊胚。囊胚阶段的内细胞团进
一步发育为胚胎本身，滋养层则发育为胎膜和胎盘。囊胚的进一
步扩大，逐渐从透明带中伸展出来，变为扩张囊胚，这一过程叫
作"孵化"。

③**原肠胚和中胚层的形成**　囊胚进一步发育，内细胞团外面的
滋养层退化，内细胞团裸露，成为胚盘。在胚盘的下方衍生出内胚
层，它沿滋养层的内壁延伸，扩展，衬附在滋养层的内壁上，这时
的胚胎称为原肠胚。原肠胚进一步发育，形成内胚层、中胚层和外
胚层。为器官的分化奠定了基础。

（2）**妊娠识别与建立**　孕体是指胎儿、胎膜、胎水构成的综合
体。在妊娠初期，孕体产生的激素传感给母体，母体对此产生相应
的反应，识别胎儿的存在，并在二者之间建立起密切的联系，这一
过程即为妊娠识别。孕体和母体之间产生了信息传递和反应后，双
方的联系和互相作用已通过激素的媒介和其他生理因素而固定下
来，从而确定开始妊娠，这叫作妊娠建立。牛妊娠信号的物质形式
是糖蛋白。妊娠识别后，即进入妊娠的生理状态，牛妊娠识别的时
间为配种后 16～17 天。

（3）**胚泡的附植**　囊胚阶段的胚胎称胚泡。胚泡在子宫内发育
的初期阶段呈游离状态，与子宫内膜之间未发生联系。因胚泡液的
增多，限制了胚泡在子宫内的移动，逐渐贴附于子宫壁，随后才和
子宫内膜发生组织及生理的联系，位置固定下来，这一过程称为附
植（着床）。牛为单胎时，常在子宫角下 1/3 处附植，双胎时则均

分于两侧子宫角。附植是一个渐进的过程，在游离之后，胚胎在子宫中的位置先固定下来，继而对子宫内膜产生轻度浸润，即发生疏松附植。紧密附植的时间是在此后较长的一段时间。牛的胚胎附植在排卵后 28～32 天为疏松附植，40～45 天为紧密附植。胚胎都是在子宫血管稠密，且能供给丰富营养的地方附植。

（4）胎盘和胎膜　胎盘是由胎儿胎盘和母体胎盘共同构成。胎儿具有独立的血液循环系统，不与母体循环直接沟通。但是，母体必须通过胎盘向胎儿输送营养和帮胎儿排出代谢产物。牛的胎盘为子叶类胎盘，由于胎儿子叶与母体子叶嵌合非常紧密，所以在分娩时，胎衣娩出较慢，且易发生胎衣滞留、胎衣不下等状况。胎膜为胎儿以外的附属膜，包括绒毛膜、尿膜、羊膜、卵黄囊。胎膜具有营养、排泄、呼吸、代谢、内分泌和保护功能。脐带是胎体同胎膜和胎盘联系的渠道，其中有脐动脉 2 条，脐静脉 2 条。

13. 为什么要进行妊娠诊断，有哪些方法？

母牛配种后，及早进行妊娠诊断，确定妊娠与否，是繁育母牛饲养管理中极其重要的环节。通过妊娠诊断，对妊娠牛进行分群管理，采取妊娠期的饲养管理方案和措施，维护妊娠进展，保障母子健康；对未孕牛，则分析原因，对症处理，强化管理，及时检测或诱导发情，促进早配早孕，减少空怀时间，提高繁殖产犊率。早期妊娠诊断，是提高繁育母牛养殖生产效益的重要技术措施。常用妊娠诊断的方法主要有以下几种。

（1）外部观察法　就是通过观察牛的外部表现来判断母牛是否妊娠。输精后的母牛如果 20 天、40 天两个情期不返情，就可以初步认为已妊娠。另外，母牛妊娠后还表现为性情安静，食欲增加，膘情好转，被毛光亮。妊娠 5～6 个月以后，母牛腹围增大，右下腹部尤为明显，有时可见胎动。但这种观察都在妊娠中、后期，不能做到早期妊娠诊断。

（2）直肠检查法　直肠检查指用手隔着直肠触摸妊娠子宫、卵巢、胎儿和胎膜的变化，并以此来判断母牛是否妊娠。此法安全、准确，是牛早期妊娠诊断最常用的方法之一（图7-11）。

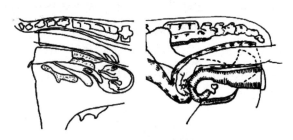

图7-11　妊娠诊断（直肠检查法）

妊娠20～25天，孕角侧卵巢上可以摸到突出于卵巢表面的黄体，并且比空角侧卵巢体积增大，子宫角粗细无变化，但子宫壁较厚并有弹性。妊娠1个月子宫颈位于骨盆腔中，子宫角间沟仍清楚，孕角及子宫体较粗、柔软、壁薄，绵羊角状弯曲不明显，触诊时孕角一般不收缩，有时收缩，感觉有弹性，内有液体波动，像软壳蛋样；空角则收缩，感觉有弹性且弯曲明显。子宫角粗细根据胎次而定，胎次多的较胎次少的稍粗。孕角卵巢体积增大，有黄体，呈蘑菇样凸起，中央凹陷；未孕角侧卵巢呈圆锥形，通常卵巢体积要小些。妊娠3个月时角间沟消失，子宫颈移至耻骨前缘，由于宫颈向前可触到扩大的子宫为一波动的胞囊从骨盆腔向腹腔下垂，两角共宽一掌多。胃肠内容物多，子宫被挤入骨盆入口，且子宫壁收缩时可以摸到整个子宫，体积比排球稍小，偶尔还可触到悬浮胎水中的胎儿，有时感到虾动样的胎动，有胎膜滑动。子宫壁一般均感柔软、无收缩。孕角比空角大2～3倍，液体波动感清楚，有时在子宫壁上可以摸到如蚕豆样大小的子叶，不可用手指去捏子叶。卵巢移至耻骨前缘之前时，有些牛子宫中动脉开始出现轻微的孕脉，有特征性的轻微搏动，时隐时现，且在远端容易感到。触诊不清时，手提起子宫颈，可明显感到子宫的重量增大。卵巢无变化，位于耻骨联合处前下方的腹腔内。妊娠4个月时子宫像口袋一样垂入腹腔，子宫颈变得较长而粗，位于耻骨前缘之前，手提子宫颈可以明显感觉到重量，抚摸子宫壁能清楚地摸到许多硬实的、滑动的、通常呈椭圆形的子叶，其体积比卵巢稍小，子宫被胃肠挤回到骨盆入口之前时，可触到西瓜样大的胎动囊，偶可触及胎儿和孕角卵巢，空角卵巢仍能摸到，孕角侧子宫中动脉的孕脉比上一个月稍清楚，但仍轻微。妊娠检查最好于母牛输精后2个月左右进行，并将检查结果记入母牛配种记录。

配种后40～60天诊断，准确率达95%。检查的顺序依次为子宫颈、子宫体、子宫角、卵巢、子宫中动脉。

①母牛配种19～22天，胎泡不易感觉到，子宫变化也不明显，若卵巢上有成熟的黄体存在，则是妊娠的重要表现。

②母牛妊娠1个月时，两侧子宫角大小不一，孕侧子宫角稍有增粗，质地松软，稍有波动，用手握住孕角，轻轻滑动时可感到有胎囊。未孕侧子宫角收缩反应明显，有弹性。孕侧卵巢有较大的黄体突出于表面，卵巢体积增加。

③母牛妊娠2个月时，孕角大小为空角的1～2倍，犹如长茄子状，触诊时感到波动明显，角间沟变得宽平，子宫向腹腔下垂，但可摸到整个子宫。

④母牛妊娠3个月时，孕侧卵巢较大，有黄体；孕角明显增粗（周径10～12厘米），波动明显，角间沟消失，子宫开始沉向腹腔，有时可摸到胎儿（图7-12）。

（3）阴道检查法　根据阴道黏膜的色泽、黏液分泌及子宫颈状

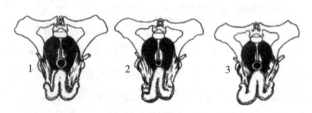

图7-12　母牛妊娠后的子宫变化示意图

1.两角对称，未孕；2.妊娠40天左右；3.妊娠60～70天

态等判断母牛是否妊娠。

①**阴道黏膜检查**　输精20天后，黏膜苍白，向阴道插入开膣器时感到有阻力则是妊娠的迹象。

②**阴道黏液检查**　妊娠后，阴道黏液量少而带稠，混浊、不透明，呈灰白色。

③**子宫颈外口检查**　用开膣器打开阴道，妊娠后，可以看到子宫颈外口紧缩，并有糊状黏块堵塞颈口，称为子宫栓。

（4）**巩膜血管观察法**　母牛经配种妊娠20天以后，在其眼球瞳孔正上方的巩膜上将出现2～3根特别显露、竖立的粗血管，该血管充盈凸起于巩膜表面，呈紫红色，故称"妊娠血管"。"妊娠血管"的形状随着妊娠月龄的变化而变化，前3个月相对较细长，且往往有1根血管竖直呈紫红色；当妊娠达6～8个月后，"妊娠血管"又逐渐恢复到妊娠前3个月时的形状。分娩前"妊娠血管"逐渐消失，产后7～10天完全消失。此外，对一些巩膜色素较深、"妊娠血管"较细的母牛，做早期妊娠检查时要注意根据血管数量、粗细和色泽仔细加以识别。一般根据母牛巩膜血管的变化规律，结合其他方面综合诊断，可以判断妊娠与否。

（5）**其他妊娠诊断方法**

①**超声波诊断法**　将超声波通过专用仪器送入子宫内，使其产生特有的波形，也可通过仪器转变成音频信号，从而判断是否妊娠。此法一般多在配种后1个月应用，过早使用准确性较差。

②**孕酮水平测定法**　牛妊娠后，妊娠黄体、胎盘均分泌孕酮，使血液中孕酮含量明显增加，通过测定血浆或乳汁中孕酮的含量与未孕牛孕酮水平比较，可确定是否妊娠。这是一种实验室诊断法，在配种后15天即可诊断。孕酮含量的测定可采用放射免疫法（RIA）、免疫乳胶凝集抑制实验法（LAIT）、单克隆抗体酶免疫法和孕酮酶免测定试剂盒等。

③**碘酊测定法**　取配种后23天以上的母牛晨尿10毫升，放入试管中，加入7%碘酊1～2毫升，混合均匀，反应5～6分钟。若

混合液成棕褐色或青紫色，则可判定该牛已孕，若混合液颜色无变化，则判定该牛未孕。此法准确率可达93%。

④硫酸铜测定法　取配种后20～30天的母牛中午的常乳和末把乳的混合乳样1毫升于平皿中，加入3%硫酸铜溶液1～3滴，混合均匀。若混合液出现云雾状，则可判断该牛已孕；若混合液无变化，则判定该牛未孕。此法准确率达90%。

14.如何判断母牛的预产期?

（1）母牛预产期推算　牛的妊娠期不同品种之间略有差异，个体之间也不尽相同，就整体而言，肉牛的妊娠期多在275～285天之间。肉牛生产中对预产期的推算，通常采用配种月份数减3，配种日期数加6来计算。若配种月份数小于3，则直接加9即可算出。

如配种日期为2015年5月10号，则预产期为：预产月份为5-3=2；预产日期为10+6=16，则该牛的预产期为2016年2月16日。

配种日期为2015年2月28号，则预产期为：预产月份为2+9=11；预产日期为28+6=34，超过30天，应减去30，余数为4，预产月份应加1。则该牛的预产期为2016年12月4日。

（2）母牛的临产预兆

①乳房膨大　产前半个月左右，母牛乳房开始膨大，到产前2～3天，乳房体发红、肿胀，乳头皮肤胀紧，接近临产时，从乳房向前到腹胸下可出现妊娠浮肿，这时用手可挤出初乳。

②外阴部肿胀　产前1周开始，外阴部潮红、肿胀，阴唇皱褶消失，封闭子宫颈口的黏液塞溶化，在分娩前1～2天呈透明索状物从阴道流出，挂于阴门外。

③骨盆切带松弛　临产前几天骨盆韧带松弛，尾根两边塌陷，分娩前1～2天骨盆韧带充分软化，尾根两侧肌肉明显塌陷呈两个坑，使骨盆腔在分娩时能够增大。经产牛表现得更加明显。

④体温变化　从母牛分娩前4周开始，就会发现母牛体温逐渐升高，产前1周比正常母牛高出0.5℃～1℃，但至分娩前12～15

小时，体温又下降 0.4℃～1.2℃。

⑤行为变化 临产前母牛子宫颈开始扩张，阵痛发生，时起时卧，频频排粪排尿，不时向后回顾腹部，明显感到不安。

（3）临产牛管理 出现临产症状，说明母牛已经临近分娩，此时应有专人看护，做好产房以及接产和助产准备工作。通常情况下，在预产期前 1～2 周，就应将母牛移入产房，进行特别的看护和照料，从而确保母牛的顺利分娩。

15. 母牛分娩过程有哪些特点？

母牛妊娠足月后，胎儿发育成熟，母体与胎儿之间的关系，由于多种因素的作用而失去平衡，导致母牛将胎儿及其附属物排出体外，这一生理过程称为分娩。分娩是由牛机体的物理、化学和胎儿等一系列内外因素协调作用的结果。在妊娠末期，一方面由于胎儿增大，胎水增多，子宫内压升高，当达到一定程度时引起子宫恢复正常容积的收缩反应；另一方面，胎儿在母体内增大时，使子宫肌伸长，并刺激子宫和子宫颈的感觉神经，引起垂体后叶催产素分泌增加，子宫内膜分泌前列腺素，促使黄体溶解使血液中孕酮水平降低；催产素和雌激素等的协同作用，解除了对子宫肌收缩的抑制作用；加之，接近产前的胎儿活动性增强，又进一步刺激了子宫的收缩能力。同时，由于松弛素的作用，使宫颈、骨盆腔和阴道松弛，最终导致胎儿及其附属物娩出母体。

母牛的分娩过程划分为开口期、胎儿产出期和胎衣排出期三个阶段。

（1）开口期 指从子宫开始阵缩到子宫颈口充分开张为止，一般需 2～8 小时（0.5～24 小时）。特征是只有阵缩而不出现努责。初产牛表现不安，时起时卧，徘徊运动，尾根抬起，常作排尿姿势，食欲减退；经产牛一般比较安静，有时看不出有什么明显表现。

开口期母牛的子宫颈扩大，子宫纵形肌和环形肌产生节律性收缩，并向子宫方向进行驱出运动，使子宫颈完全开放，与阴道界限消失。由于子宫的收缩呈间歇性，故产生阵痛。迫使羊水和部分胎膜、胎儿的前置部分进入子宫颈，使之充分扩张。

（2）胎儿产出期　从子宫颈充分开张至产出胎儿为止，一般持续3～4小时（0.5～6小时），初产牛一般持续时间较长。若是双胎，则两胎儿排出间隔时间一般为20～120分钟。特点是阵缩和努责同时作用。进入该期，母牛子宫肌收缩期延长，松弛期缩短，弓背努责；部分母牛通常侧卧，四肢伸直，强烈努责。母牛不断努责和阵缩，先是包囊蹄子的羊膜囊部分露出阴门，胎头和肩胛骨宽度较大，娩出最费力，努责和阵缩最强烈，每阵缩一次，排出若干，而阵缩停止，胎儿又有所回缩，经过多次反复，羊膜绒毛膜形成囊状突出阴门外，该囊破裂后，排出淡白或微带黄色的浓稠羊水，再次湿润产道。经多次反复，胎儿前肢和唇部逐渐露出并通过阴门。伴随产牛的不断阵缩和努责，整个胎儿顺产道滑下，脐带则自行断裂。

胎儿产出后，尿囊才开始破裂，流出黄褐色尿水。因此，牛的第一胎水一般是羊水，但有时尿囊可先破裂，然后羊膜囊才突出阴门破裂（图7-13）。

图7-13　牛的分娩过程示意图

如果羊膜破裂后1小时内胎儿不能正常娩出，即为产科临床上的难产，则需人工助产。难产常常由于临产母牛产道狭窄、分娩无力，胎儿过大，胎位、胎势、胎向异常等多种因素所造成。因此，牛场的畜牧兽医技术人员要及早做好接产、助产准备。

（3）胎衣排出期 此期特点是当胎儿产出后，母牛即安静下来，稍作休息，子宫又继续阵缩（有时还配合轻度努责）使胎衣排出。由于子叶型胎盘母子之间粘连紧密，胎衣在子宫收缩时不易脱落，因而牛的胎衣排出时间较长，从胎儿产出后到胎衣完全排出为止，一般需4～8小时（0.5～12小时）。若超过12小时，胎衣仍未排出，即为胎衣不下，需及时采取处理措施。

16. 如何正确进行牛的接产和助产?

接产的目的在于对母畜和胎儿进行观察，并在必要时加以帮助，达到母仔安全。应特别指出，接产工作一定要根据分娩的生理特点，不应过早过多地干预。

（1）**接产前的准备**

①**产房准备** 产房应当清洁、干燥，光线充足，通风良好，无贼风，墙壁及地面应便于消毒。在北方寒冷的冬季，应有相应取暖设施，以防犊牛冻伤。

②**器械和药品的准备** 在产房里，接产用药物（70%酒精、2%～5%碘酊、2%来苏儿、0.1%高锰酸钾溶液和催产药物等）应准备齐全。产房里最好备有一套常用的已经消毒的手术助产器械（剪刀、纱布、绷带、细布、牵引绳等产科用具）以备急用。另外，还应准备毛巾、肥皂和温水。

③**接产人员** 接产人员应当受过接产训练，熟悉牛的分娩规律，责任心强，严格遵守接产操作规程及值班制度。分娩期尤其要固定专人，加强夜间值班制度。

（2）**正确接产** 为保证胎儿顺利产出及母仔安全，接产工作应在严格消毒的原则下有序进行。其步骤如下。

① 清洗消毒产牛的外阴部及其周围，并用消毒液（如1%煤酚皂溶液）擦洗。用绷带缠好尾根，拉向一侧或系于颈部。在犊牛产出时，接产人员穿好工作服及胶围裙、胶鞋，并消毒手臂，准备做必要的检查。

② 当胎膜露出到胎水排出前，可将手臂伸入产道进行临产检查，以确定胎向、胎位及胎势是否正常，以便早期矫正，避免难产的发生。如果胎儿正常，正生时，应三件（唇及二前蹄）俱全，可等候其自然排出。除检查胎儿外，还可检查母牛骨盆有无变形，阴门、阴道及子宫颈的松软扩张程度，以判断有无因产道反常而发生难产的可能。

③ 当胎儿唇部或头部露出阴门外时，如果上面覆盖有羊膜，应及时撕破，并把胎儿鼻孔内的黏液擦净，以利呼吸。但也不要过早撕破，以免胎水过早流失。

④ 注意观察努责及产出过程是否正常。如果母牛努责，阵缩无力或其他原因（产道狭窄、胎儿过大等）造成产仔滞缓，应迅速拉出胎儿，以免胎儿因氧气供应受阻，反射性吸入羊水，引起异物性肺炎或窒息。在拉胎儿时，可用产科绳缚住胎儿两前肢球节或两后肢系部（倒生）交于助手拉住，同时用手握住胎儿下颌（正生），随着母牛的努责，左右交替用力，顺着骨盆轴的方向慢慢拉出胎儿。在胎儿头部通过阴门时，要注意用手捂住阴唇，以防阴门上角或会阴撑破。在胎儿骨盆部通过阴门后，要放慢拉出速度，防止子宫脱出。

⑤ 胎儿产出后，应立即将其口鼻内的羊水擦干，并观察呼吸是否正常。犊牛身上的羊水可让母牛舔干，这样一方面母牛可因吃入羊水（内含催产素）而使子宫收缩加强，利于胎衣排出，另外还可增强母子关系（图7-14）。

⑥ 胎儿产出后，如脐带还未断，应将脐带内的血液挤入犊牛体内，这对增进犊牛健康有一定好处。断脐时脐带断端不宜留得太长。断脐后，可

图7-14 母牛舔干胎儿体表的羊水

将脐带断端在碘酊内浸泡片刻或在其外面涂以碘酊，并将少量碘酊倒入羊膜鞘内。如脐带持续出血，须加以结扎。

⑦ 犊牛产出后不久即试图站立，但最初一般是站不起来的，可予以扶助，以防摔伤。

⑧ 对母牛和新生犊牛注射破伤风抗毒素，以防感染破伤风。

（3）科学助产　母牛的助产是及时处理母牛难产，进行正确的产后处理以预防产后母牛炎症和犊牛健康的重要环节。分娩是母牛正常的生理过程，一般情况下，不需要助产而任其自然产出。但在胎位不正、胎儿过大、母牛分娩无力等情况下，母牛自动分娩有一定的困难，必须进行必要的人工助产。因此，特别是对于一定规模的牛场，必须有专门的产房、固定的接产人员。产房内应保持安静、卫生，地面应铺洁净的软垫草。炎热季节应注意通风降温，但不能用大功率风扇直接吹母牛；寒冷季节则应采取保暖增温措施，地面增加干垫草，降低室内湿度。

助产者要穿工作服、剪指甲、准备好酒精、碘酊、剪刀、镊子、药棉以及助产绳等。助产人员的手、工具和产科器械都要严格消毒，以防病菌带入子宫内，造成生殖系统的疾病。

当发现母牛有分娩征状，助产者先用 0.1%～0.2% 高锰酸钾温水或 1%～2% 米苏儿溶液，洗涤外阴部或臀部附近，并用毛巾擦干。然后等待母牛的分娩。

当观察到胎膜已经露出体外时，不应急于将胎儿拉出，应将手臂消毒后伸入产道，检查胎儿的方向、位置和姿势，如胎位正常，可让其自然分娩。如是倒生，后肢露出后，则应及时拉出胎儿，因为当胎儿腹部进入产道时，脐带容易被压在骨盆上，如停留过久，胎儿可能会窒息死亡。

如果当胎儿前肢和头部露出阴门，但羊膜仍未破裂，可将羊膜扯破，并擦净胎儿口腔、鼻周围的黏液，以便胎儿呼吸。当破水过早，产道干燥或狭窄而胎儿过大时，可向阴道内灌入肥皂水或植物油润滑产道，以便于拉出胎儿。

犊牛产出后，如果初生犊牛有呼吸障碍，或无呼吸尚有心跳（称为窒息），应进行人工呼吸。先将犊牛头部放低，后肢抬高，两手握住前肢，来回前后牵动前肢，并交替扩展和压迫胸腔。或侧卧双手有节律地压迫腹肋部，要求耐心持久，直至出现正常呼吸。

最后需要说明，牛的助产，特别是难产的处理，应在兽医师的指导下进行，并以保证母仔健康，特别是母牛正常的繁殖力为前提。

17. 如何进行难产的处理与预防？

由于母牛的骨盆横径较小，比较狭窄，加之采用冷冻精液配种产生的胎儿个体较大等原因，母牛的难产时而可见。发生难产，首先要做好母牛的产道检查，检查产道是否狭窄、干燥、水肿，有无损伤、子宫颈开张程度、骨盆产道有无畸形等；并注意胎水的颜色与气味，掌握胎儿进入产道的程度，以及正生、倒生、胎位、胎向和姿势，确定正确的解决方案。胎儿正生时，术者可将食指伸入胎儿的口腔，轻拉舌头；如果出现倒生时，术者可将食指深入胎儿的肛门，最好能触及胎儿脐带。如胎儿有吮吸、收缩等反应或有明显的脐带搏动，说明胎儿存活，注意保护胎儿；反之，如果胎儿失去生命迹象，则不需顾及胎儿，全力保护母体。

在难产的情况下助产时，必须遵守一定的操作规程，即助产时除挽救母牛和胎儿外，要注意保持母牛的繁殖力，防止产道的损伤和感染。为便于矫正和拉出胎儿，特别是当产道干燥时，应向产道内灌注大量滑润剂。为了便于矫正胎儿异常姿势，应尽量将胎儿推回子宫内，否则产道空间有限不易操作，要力求在母牛阵缩间歇期将胎儿推回子宫内。拉出胎儿时，应随母牛努责而用力。

难产极易引起犊牛的死亡并严重危害母牛的生命和繁殖力。因此，预防难产是十分必要的。首先，在配种管理上，不要让母牛过早配种，由于青年母牛仍在发育，分娩时常因骨盆狭窄导致难产。其次，要注意母牛妊娠期间的合理饲养，防止母牛过肥、胎儿过大造成难产。另外，要安排适当的运动，这样不但可以提高营养物质的利用率，使胎儿正常发育；还可提高母牛全身和子宫的紧张性，使分娩时增强胎儿活力和子宫收缩力，并有利于胎儿转变为正常分娩胎位、胎势，以减少难产及胎衣不下、产后子宫复旧不全等的发生。此外，在临产前及时对妊娠母牛进行检查、矫正胎位也是减少难产发生的有效措施。

18. 衡量牛群繁殖管理水平的指标有哪些，如何计算？

母牛的繁殖力主要是指生育后代和哺育后代的能力，它与性成熟的迟早、发情周期正常与否、发情表现、排卵多少、卵子受精能力、妊娠、泌乳量高低等有密切关系。

牛群繁殖性能的高低，是繁育母牛场最重要的经济性状之一，牛为单胎动物，正常情况下双犊率小于3%，所以如何提高牛群的繁殖效率就显得尤为重要。衡量牛群繁殖性能，通常采用如下指标。

（1）受配率　一般要求受配率在80%以上。

一个牛群的受配率，表示一年内该群体参加配种的母牛数占该群内所有适繁母牛数的百分数，由此可反映出该群内繁殖母牛的发情、配种及其管理状况。采用下式计算：

受配率＝（年内受配母牛数／年内存栏可繁母牛数）×100%

（2）情期受胎率　正常情期受胎率应为60%以上。

在一定期限内，通常按年度计算，受胎母牛数占该期内与配母牛配种总情期数的百分率。受胎母牛至少有1个情期参与配种，部分母牛有数个情期参与配种获得妊娠，部分母牛数次配种可能尚未受胎。以每一次配种计为1个情期，全年累加求得总情期数。

情期受胎率＝（妊娠母牛头数／同期配种总情期数）×100%

（3）总受胎率　正常总受胎率为95%以上。一个年度内受胎母牛头数占配种母牛头数的百分率。该指标反映了牛群的受胎情况，可用于衡量年度内的配种计划完成情况。

总受胎率＝年内妊娠母牛总头数／年内配种母牛的总头数×100%

（4）第一情期受胎率　表示第一次配种就受胎的母牛数占第一情期配种母牛总数的百分率。该指标主要反映公牛精液的受精力和母牛群的繁殖管理水平。

第一情期受胎率＝（第一情期受胎母牛数／
第一情期配种母牛总数）×100%

（5）不返情率　不返情率是指母牛在受配后一定期限内不再发情的母牛数占该期限内与配母牛总数的百分率。不返情率又可分为30天、60天、90天和120天不返情率。越是期限长，则该比率就越接近实际受胎率。实践中应用较多的是60天不返情率。

60天不返情率＝（配种60天后未再发情的母牛数／
配种60天内受配母牛总数）×100%

（6）配种指数　配种指数又分为妊娠母牛配种指数和情期配种指数。

妊娠母牛配种指数指母牛每次受胎平均所需的配种次数。情期配种指数，指每个妊娠母牛所需配种的情期数。

妊娠母牛配种指数＝（受胎母牛配种的总情期数／
妊娠母牛头数）×100%

情期配种指数＝（年内配种总情期数／妊娠母牛头数）×100%

（7）产犊率　系指分娩的母牛数占妊娠母牛数的百分率。

产犊率＝（产犊母牛数／妊娠母牛总数）×100%

（8）产犊指数　产犊指数又称产犊间隔或平均胎间距，即母牛连续两次产犊的时间间隔，以平均天数表示，是牛群繁殖力的综合指标。

产犊指数（产犊间隔）＝每头牛的每两次产犊的间隔天数总和／
计算期内的总产犊间隔数

（9）犊牛成活率　犊牛成活率系指出生后 3 个月时成活的犊牛
数占产活犊牛数的百分率。

犊牛成活率＝出生后 3 个月的活犊牛数／总产活犊牛数×100%

（10）繁殖成活率　繁殖成活率系指年度内所有断奶成活的犊
牛数占该年牛群中适繁母牛总数的百分率。这是一个总效率的反
应，也可以把该指标叫作牛群的繁殖效率。

繁殖成活率＝年内断奶成活犊牛总数／年内适繁母牛数×100%

19. 提高繁殖率的主要技术环节有哪些?

为了提高母牛的繁殖力，应重点抓好繁殖技术中的以下环节。

（1）认真地观察与鉴定发情，提高发情检出率　牛发情的持
续时间短，约 18 小时，25% 的母牛发情表现不超过 8 小时，而
下午到翌日清晨前发情的要比白天多，发情而爬跨的时间大部分
（约 65%）在下午 6 时至翌日 6 时，特别集中在晚上 8 时到凌晨 3
时之间，爬跨活动最为频繁。约 80% 母牛排卵在发情行为表现终
止后 7～14 小时，20% 母牛属早排或迟排卵。据报道，漏情母牛
可达 20% 左右，其主要原因是辨认发情表现不正确。妊娠母牛有
5%～7% 会表现发情，所以发情观察与鉴定，提高发情检出率至关
重要，规模化牛场应设专人专职进行。

（2）严格适时输精的技术环节，提高配种受胎率　适时输精，
对提高母牛受胎率是非常重要的，牛一般在发情结束后排卵，卵子
的寿命为 6～10 小时，故牛在发情期内最好的配种时间应在排卵
前的 6～7 小时，在实际生产中当母牛发情有下列情况时即可输精：
①母牛由神态不安转向安定，即发情表现开始减弱；②外阴部肿胀
开始消失，子宫颈稍有收缩，黏膜由潮红变为粉红色或带有紫青色；

③黏液量由多到少且成浑浊状；④卵泡体积不再增大，皮变薄有弹力，泡液波动明显，有一触即破之感。

（3）应用综合措施，提高输精效果

实践中，对经产牛，特别是复配牛，除适时输精外，尚可在输精的同时净化子宫，以提高受胎率。其方法为在母牛配种前后采用抗菌药物加生理盐水进行子宫净化。如采用医用红霉素100万单位、生理盐水40毫升，稀释后灌输子宫；也可应用甲硫酸新斯的明注射液，在配种前8～12小时子宫注射甲硫酸新斯的明10毫克、青霉素80万单位、生理盐水30～50毫升；笔者应用磺胺嘧啶也收到良好效果。

20. 提高繁殖率的主要管理环节有哪些？

（1）平衡营养供给，维护母牛繁殖体况 牛的营养水平对繁殖的影响已有很多讨论，为了提高牛的繁殖力，应当加强牛的营养供给，为母牛提供均衡、全面、适量的各种营养成分，以刺激母牛繁殖潜力的正常发挥。而营养供给的过量与不足，都会影响到母牛的繁殖功能。对初情期的牛，应注重蛋白质、维生素和矿物质的供应，以满足其性功能和机体发育的需要。青饲料供应对于非放牧的牛群很重要，应尽可能地供给优质的青饲料或牧草。

（2）犊牛早期断奶，活化母牛的性功能 对于哺乳期母牛，犊牛吮乳在一定程度上会延长母牛乏情期，特别是对于营养较差的牛群。因而实行犊牛早期断奶，具有促进母牛繁殖体况恢复以及及早发情、配种和受胎。

（3）加强繁殖牛群管理，创建良好的繁殖环境

①防暑防寒，创建舒适环境 在牛的繁殖管理上，要注意牛场环境的影响，尽可能避免炎热或严寒，特别是前者对牛的影响。实践证明，炎热对牛繁殖的危害明显高于寒冷，在炎热季节，重点是加强防暑降温措施。例如，炎热夏季可选阴坡放牧或早晚放牧；而舍饲牛群可以设立遮阳棚，同时确保舍内通风良好。

②**严格繁殖记录，及早发现问题**　健全母牛繁殖记录制度，严格母牛发情、输精与妊娠、产犊的记录，对照记录、观察行为，提高发情检出率、母牛受配率。对异常牛只如产后长期不发情、异常发情亦即屡配不孕的个体，及时采取相应技术措施，进行早发现早治疗。

③**防治结合，及早诊断**　严格母牛的产科检查和治疗工作，对于配种后的母牛，及早进行妊娠诊断，检查受胎情况，以便及时补配和做好保胎工作。

④**严格母牛的接助产工作**　严格牛的接产工作，特别注意母牛产道的保护和产后子宫的处理。实践证明，科学的接（助）产，可避免产道损伤，有利于产道恢复及产后的及早发情。实践中给产后母牛灌服初乳或羊水，有利于胎衣排出，大大减少母牛产后的胎衣不下情况，同时对母牛产后的子宫复旧有一定效果，从而缩短产犊间隔。

⑤**科学调整牛群结构，提高繁殖生产效率**　为了提高牛的繁殖效率，应当保持合理的牛群结构。不同生产类型，基础母牛占牛群的比例有所区别，肉牛与乳肉兼用牛以 40%～60% 比较合理。过高的生产母牛比例，往往使牛场后备牛减少，影响牛场的长远发展；但过低的生产母牛比例，必将影响牛场现阶段的生产水平，影响生产效益。

对于繁育母牛，要注意运动，以保持牛旺盛的活力和健康的体质，也有利于预防牛蹄病。一般情况下，繁育母牛以自由运动为主。

（4）**不孕症的综合防治措施**　如前所叙，牛的不孕症类型很多，病因也很复杂。因此，必须分门别类，采取综合防治措施。

①**淘汰先天性不育个体及失去繁殖能力的老龄牛**　对于先天性和生理性的不孕，如母牛生殖器官发育不正常、子宫颈狭窄、位置不正、阴道狭窄、两性畸形、异性孪生母犊、种间杂交后代不育、幼稚病（即功能性不孕）等，先天性不育，如异性双胎中 90% 以上

母犊先天不孕，应及早淘汰。此外，老龄母牛繁殖力减退，也应及时淘汰更新。

②做好综合防治工作 对患传染性疾病如布氏菌病牛或滴虫病牛，应严格执行传染病的防疫和检疫规定，按规定及时处理；对疑因传染病引起的难孕牛或流产牛，应尽快查明原因，采取相应措施，以减少传染病的蔓延；对于子宫或卵巢炎症等一类非传染性疾病，应根据发病原因，从管理、激素治疗等方面着手，做好综合防治工作。

21. 提高母牛繁殖率在饲养管理上应注意些什么？

（1）平衡营养供给 首先，母牛的发情、配种、受胎率甚至是犊牛的成活率都与母牛营养供给有密切关系。其中，以能量和蛋白质对母牛繁殖力的影响最大。幼龄母牛能量供给长期不足，不仅会影响母牛的正常发育，还会推迟母牛的性成熟年龄，造成母牛长期不发情或隐性发情（只排卵不发情）。妊娠前后，母牛如果能量供给过低，产后发情时间会受到抑制，生产过程中甚至会出现死胎、流产、分娩无力、难产、犊牛产后虚弱等情况；而能量过高，同样会影响母牛的受胎。如果蛋白质供给不足，母牛的发情期、受胎率、妊娠都会受到影响，甚至会影响母牛的食欲；而食欲降低，又会影响到母牛的健康，进而形成恶性循环。除此之外，钙元素缺乏会导致母牛胎衣不下、产后瘫痪；磷元素缺乏会推迟母牛的性成熟期，影响受胎率；维生素 A 缺乏会导致母牛胎衣不下、流产、弱胎甚至是死胎。

其次，保证成年母牛饲料的多样化。特别是注意供给青绿多汁饲料和优质干草。对于放牧的母牛，要合理利用草场资源，划区分片，有计划地轮回放牧，同时保证有充足的放牧采食时间。围产期母牛尽量就近放牧于平缓的山坡草地或者舍饲管理。母牛在产后恶露未尽之前，要严格限制精饲料喂量。

对于因营养供给不足而导致母牛不发情的情况，要及时提高饲料营养水平。尤其是在配种前2个月，及时补喂维生素、微量元素、矿物质齐全的日粮，改善营养状况，促进母牛发情。具体日粮饲喂供给，以粗饲料为主，喂足青绿饲料或青干草，适量补充精饲料。

（2）科学管理繁殖母牛 管理水平的高低在一定程度上也会影响母牛的繁殖能力。

①合理分群 保证基础母牛在牛群中占有合理的比例。通常情况下，基础母牛比例控制在40%～60%。这样的比例安排，可有效提高母牛的配种率和繁殖产犊率。

②掌握母牛发情规律 配种前对群中母牛的发情情况、繁殖能力进行调查，掌握母牛的发情规律及表现。对于发情不正常的母牛要调查原因，并及时采取措施。对于隐性发情的母牛，及时进行直肠检查及试情试验。

③预防母牛流产 严禁饲喂劣质饲料、使用违禁药品。严禁追打妊娠母牛、避免母牛剧烈运动、防止相互拥挤和碰撞。积极预防繁殖类疾病，尤其是加强布鲁氏菌病、滴虫病等疾病预防措施。母牛配种后3～5个月又出现发情表现的，要及时检查子宫和卵巢，预防假发情情况的出现。

④优化牛群 坚持整群，对牛群中出现连续流产、发育不良、老龄化明显的母牛及时淘汰，并改善饲养环境，保证舍内通风良好，温度适宜。

（3）早期断奶 犊牛及早断奶，有利于母牛及时恢复体况，刺激产后及早发情，及早配种，缩短产犊间隔，提高受胎率和繁殖产犊率。具体措施有以下3点。

①母仔分栏饲养 犊牛在1月龄后与母牛分栏饲养，定时混栏哺乳，每日哺乳3～4次，每次哺乳时间控制在0.5小时左右。

②及早补饲草料 犊牛8日龄就要开始训练其采食混合精料，16日龄开始训练其采食鲜青草。精料配方：玉米45%、麦麸30%、豆粕5%、乳清粉5%、膨化大豆13%、食盐1.5%、磷酸氢钙0.5%。早期补饲的目的在于为及时断奶做准备。

③**及早断奶** 根据补饲草料的采食情况，确定断奶日龄。通常情况下在 100 日龄左右可以安全断奶。

22. 如何进行母牛的诱导发情和同期发情？

（1）**母牛的发情调控** 母牛的发情周期有多种激素相互调节控制。包括下丘脑分泌的促性腺激素释放激素（GnRH），垂体分泌的促卵泡素（FSH）和促黄体素（LH），卵巢分泌的雌激素、孕激素及子宫分泌的前列腺素（PG）等。母牛发情周期平均为 21 天，其中黄体期为 17～18 天。卵巢黄体退化主要靠子宫分泌溶解黄体的物质，通过静、动脉通道运至卵巢消除黄体。黄体退化导致外周血液中孕酮的含量迅速降到 1 纳克 / 毫升以下。随后 LH 和 FSH 的浓度提高并进一步刺激卵泡的发育。卵泡增长导致雌二醇的进一步分泌，从而引起输卵管和子宫的变化、母牛出现发情行为和排卵前 LH 和 FSH 峰的释放。排卵前 LH 峰引起卵子恢复减数分裂，并在母牛发情后 24～32 小时排卵，在排卵处形成红体，随后继续发育形成黄体。功能性黄体分泌孕酮，调节输卵管和子宫，为妊娠准备好内环境。未妊娠，排卵 17～18 天后则恢复新的发情周期。

（2）**同期发情** 实践中，为了管理方便，特别是远山放牧牛群，可实行同期发情，集中统一人工授精。根据母牛发情周期的激素调节原理，处理母牛同期发情方法主要有两种。

①**缩短黄体期** 即通过诱导溶黄体作用使发情周期的黄体期缩短，从而新的卵泡期出现，如前列腺素（PG）法。PG 及其类似物处理是常用的牛同期发情法，PG 处理将使卵巢中的黄体退化。通常是间隔 11 天两次 PG 处理。而间隔 14 天两次 PG 同期发情处理时母牛妊娠率较高。

②**延长黄体期** 即通过植入孕激素类物质延长发情周期的黄体期，如孕酮及类似物处理法。醋酸甲烯雌醇（MGA）是牛常用的同期发情孕激素制剂，它的优点是低成本、口服（通常混在精饲料内）和低毒。使用方法是：每头每天饲喂 0.5 毫克 MGA，连续 14

天，第十七天用 PGf2α 处理。这种方法同期化好，而且受胎率高。

（3）诱导发情　生产实践中时有母牛出现乏情症状，归结有生理乏情（季节、哺乳等原因导致母牛卵巢功能静止、无黄体，从而导致发情不正常）、病理乏情（黄体长久不消失、卵泡发育受到抑制、排卵未受精）等都可导致母牛病理乏情（不发情）。解决乏情问题的出现，可使用诱导发情的方法。

所谓诱导发情就是在母牛乏情的情况下，人工借助外源性激素刺激母牛正常发情配种。采用诱导发情的方法，可根据具体乏情牛的症状特点采取相应药物用量和处理程序。力求合理安排配种，增加母牛妊娠胎次，提高繁殖效率。

实践中，对于生理乏情母牛，可使用三合激素进行治疗，剂量：1 毫升 /100 千克体重，肌内注射；也可使用孕马血清促性腺激素治疗，肌内注射，500 万单位 / 千克体重。对于哺乳期乏情的母牛，可采用犊牛早期断奶配合三合激素治疗的方法。对于病理乏情的母牛，可使用前列腺素抑制孕酮的分泌，为卵泡的发育创造条件。生产上常用的药物为氯前列烯醇，肌内注射 0.4～0.5 毫克 / 次，或者是直接在子宫内注入 0.2～0.25 毫克，治疗效果较好。

23. 提高繁育母牛"三率"综合技术应用案例

繁育母牛的受配率、受胎率和产犊成活率是母牛繁育场效益的集中体现，也是产业发展急需解决的瓶颈问题。作为业界技术推广应用的核心，也是近年来我们工作的重点。

（1）实施地点与品种类群

①实施地点：山西省晋中市和顺县。

示范基点：银河湾农牧科技开发有限公司肉牛繁育场；

辐射带动村镇：和顺县横岭镇肉牛养殖场（户）。

②技术应用品种类群：中国西门塔尔太行类群牛。

（2）主要技术措施

①饲养管理与营养调控，维护母牛正常繁殖体况：首先是草

料搭配、饲粮优化。主推玉米整株青贮以及秸秆类粗饲料的科学加工、贮存与应用，有效提高粗饲料品质；同时，应用预混合饲料，满足繁育母牛的常量元素、微量元素及维生素 A、维生素 D、维生素 E 的需要；通过营养调控，维护母牛健康繁殖体况。

②围产期管理技术：围产期实行舍饲管理，产前产后环境统一，日粮与管理保持一致，减少应激；分娩后母牛立即哺喂益母草红糖水，引导犊牛及时哺食初乳；保持圈舍清洁干燥，通风良好，冬暖夏凉；科学监控、完整记录新产牛体温、食欲、粪便和反刍情况。

③产后管理技术：产后母牛护理与子宫净化是整个繁殖过程中的核心管理环节，是母牛及早发情受胎的基本条件，对部分子宫感染牛，采取子宫灌注抗菌防腐药物，同时积极治疗胎衣滞留等产科疾病。

④生殖功能监控技术：对青年母牛性成熟、体成熟进行详细观察、记载、存档。产后 40 天左右统一进行生殖方面检查，发现问题及时解决，维护生殖道健康。

⑤发情鉴定技术：推行了外部观察与直肠检查相结合的技术措施，科学鉴别正常发情与异常发情；严格输精时间，做到适时输精。

⑥科学应用激素类药物，提高母牛参配率：应用激素类药物，进行同期发情、同步排卵和诱导发情技术，提高受配率，节约观察发情时间，提高工作效率。

⑦妊娠诊断技术：配种后早期进行妊娠诊断，是控制繁殖周期以及缩短部分牛空怀期的有效技术措施。工作中，重点推行了妊娠诊断的直肠检查技术，配种后 50 天左右，直肠检查妊娠黄体，结合子宫角的膨大和质地判断妊娠与否。

（3）技术应用效果　核心基点银河湾农牧科技开发有限公司肉牛繁育场，项目实施前（2014 年 10 月统计）存栏适繁母牛 297 头。年繁育犊牛 169 头，繁育成活犊牛（统计至 3 月龄）162 头。其中：

受配率、受孕率、产犊成活率分别为：67.4%、84.4%、95.9%；项目实施（2015 年 10 月统计）牛群调整后，存栏适繁母牛 295 头，年繁育犊牛 214 头，繁育成活犊牛（统计至 3 月龄）211 头。其中：受配率、受孕率、产犊成活率分别为：84.5%、85.9%、98.6%；各项指标均有提高，分别提高了 17.1%、1.5% 和 2.7%。在存栏适繁母牛基本一致的情况下，多产存活犊牛 42 头。

辐射带动基地和顺县横岭镇肉牛养殖场（户），同期统计，存栏牛 7 129 头，其中适繁母牛 3 981 头，年繁育活犊牛由 1 909 头提高到 2 567 头，年增产犊牛 658 头。受配率、受胎率、产犊成活率均有显著提高，分别由 65.7%、77.8% 和 93.7% 提高到 83.1%、82.0% 和 94.6%。

（4）社会经济效益　项目实施，在存栏适繁母牛数量基本不变、饲养成本基本一致的情况下，推广应用提高母牛受配率、受胎率和产犊成活率技术措施，实现了年增 3 月龄以上犊牛累计 600 多头，以现行市价计算，可为养殖场（户）创造直接产值收入 300 多万元。加上养殖生产的后续增值，社会经济效益显著。

八、牛群保健与疾病防治

1. 如何建立牛场消毒防疫体系？

消毒防疫工作直接影响着牛得病概率的高低，从而也就影响着养牛场的养殖效益的大小。所以，做好养牛场的消毒防疫工作非常重要。要严格执行防疫、检疫及其他兽医卫生制度。定期进行消毒，保持清洁卫生的饲养环境，防止病原微生物的滋生和蔓延，经常观察牛的精神状态、食欲、粪便等情况；及时防病、治病，适时计划免疫接种，制定科学的免疫程序。对断奶犊牛和育肥牛的架子牛要及时驱虫保健，及时杀灭体表寄生虫。要定期坚持进行牛体刷拭，保持牛体清洁。夏天注意防暑降温，冬天注意防寒保暖。定期进行称重和体尺测量，做好必要的记录工作，做到牛卡相符。

第一，坚持"预防为主，防重于治"的原则，提高牛群整体健康水平，防止外来疫病传入牛群，控制、净化、消灭牛群中已有的疫病。

第二，规模化肉牛场的防疫采用综合防治措施，消灭传染源、切断传播途径、提高牛群抗病力，降低传染病的危害。

第三，建立健全兽医卫生防疫制度，依据肉牛不同生理阶段的特点，制订兽医保健防疫计划。

第四，育肥场推行"全进全出"的肉牛育肥制度，使牛舍彻底空栏、清洗、消毒、确保生产的计划性和连续性。在生产线的各主要环节上，分批次安排牛的生产，全进全出，每批牛在生产上拉开距离，以有效切断疫病传播途径，防止病原微生物在牛群中连续感染、交叉感染。

第五，当发现新的传染病及口蹄疫、结核、布鲁氏菌病等传播时，应立即对该牛群进行隔离、封锁，或将其扑杀、焚烧和深埋等无害化处理，对全场栏舍实施强化消毒，对假定健康牛进行紧急免疫接种，禁止牛群调动并将疫情及时上报主管行政部门。

第六，严格执行隔离制度，场区外围护应根据具体条件使用隔离网、隔离墙、防疫沟等，建立隔离带；生产区只设立一个供生产人员及车辆出入的大门，一个专供装卸牛的装牛台。引进牛的隔离检疫舍等。在生产区下风向设立病牛隔离治疗舍，尸体剖检及处理设施等。

2. 如何建立牛场消毒制度与消毒程序?

肉牛场必须建立健全消毒制度和消毒程序。按照生产日程、消毒程序的要求，将各种消毒制度化，明确消毒工的管理者和执行人，使用消毒剂的种类、浓度、方法及消毒间隔时间、消毒剂的轮换使用，消毒设施的管理等进行详细规定。根据消毒种类、对象、气温、疫病流行规律，消毒剂和消毒设备设施种类等制定严格的消毒程序。并创造条件对牛场生产环节中的关键部位（牛舍）的消毒效果进行检测。

消毒制度建设，要明确规定以下内容：本场工作人员、车辆出入的消毒管理要求；外来车辆、人员进入场的消毒要求；场内牛群流动、牛出入生产区的消毒要求；生产区内人员流动，工具使用的消毒要求；粪便的消毒管理；场内禁养其他动物，携带动物、动物产品进场的消毒要求；患病牛和新购入牛的隔离要求等。

消毒程序即根据消毒种类、对象、气温、疫病流行的规律，将多种消毒方法科学合理地加以组合而进行的消毒过程。例如，全进全出系统中的空栏大消毒的消毒程序可分为以下一些步骤：清扫→高压水冲洗→喷洒消毒剂→清洗→熏蒸→干燥（或火焰消毒）→喷洒消毒剂→转入牛群。消毒程序还应根据自身生产方式、主要存在的疫病、消毒剂和消毒设备设施种类等因素因地制宜地制定。明确消毒工作的管理者和执行人，使用消毒剂的种类、浓度、方法及消毒间隔时间、消毒剂的轮换使用，消毒设施的管理等做出详细规定。

3. 牛场常用消毒方法有哪些?

养牛场消毒的目的是消灭外界环境中的病原体,以切断传播途径,阻止疫病继续蔓延。肉牛场常用消毒方法简介如下。

(1)**机械性消毒法** 主要是通过清扫、洗刷、通风、过滤等机械方法消除病原体。这是一种普通而又常用的方法,但不能达到彻底消毒的目的,作为一种辅助方法,须与其他消毒方法配合进行。

(2)**物理消毒法** 亦即采用阳光、紫外线、干燥、高温等方法,杀灭细菌和病毒。

(3)**化学消毒法** 即采用化学药物杀灭病原体的方法,在防疫工作中最为常用。选用消毒药应考虑杀菌谱广、有效浓度低、作用快、效果好;对人、畜无害,性质稳定,易溶于水,不易受有机物和其他理化因素影响;使用方便,价格低廉;无味、无臭、不损坏被消毒物品;使用后残留量少或副作用小等。

(4)**生物消毒法** 在兽医防疫实践中,常用该法将被污染的粪便堆积发酵,利用嗜热细菌繁殖时产生高达70℃以上的热,经过1~2个月可将病毒、细菌(芽孢除外)、寄生虫卵等病原体杀死,既达到消毒的目的,又保持了肥效。

4. 肉牛场常用消毒剂有哪些,如何应用?

(1)**氢氧化钠** 喷洒消毒。2%~3%水溶液,通常作为牛床、牛舍、饲槽和运输工具等及进出口消毒池用药,消毒后要用水冲洗,方可让牛进入牛舍;5%水溶液用于炭疽芽孢污染场地消毒。

(2)**氧化钙** 涂刷消毒与撒布消毒。10%~20%石灰乳涂刷牛舍墙壁、牛栏和地面的消毒;石灰粉末(氧化钙1千克加水350毫升)可撒布于阴湿地面、粪池周围及污水沟等进行地面消毒。

(3)**漂白粉** 喷洒消毒。10%~20%乳剂,常用于牛舍、环境和排泄物的消毒;

饮用水消毒:1米^{3}的水中加入漂白粉5~10克,可作饮用水消毒，现配现用。不能用于金属制品及有色物品的消毒。

（4）**40% 甲醛**　又称为福尔马林。喷洒消毒、熏蒸消毒。2%～4%水溶液用于喷洒消毒墙壁、地面、饲槽等；1%水溶液用于牛体表消毒；熏蒸消毒时 40% 甲醛 25 毫升 / 米^3，高锰酸钾 12.5 克 / 米^3，将高锰酸钾倒入 40% 甲醛中，密闭 24 小时后打开。

（5）**高锰酸钾**　患部消毒。0.01%～0.05%水溶液用于中毒时洗胃，0.1%水溶液用于患部体表消毒，冲洗黏膜及创伤、溃疡等，要求现用现配。

（6）**过氧化氢溶液**　创面消毒。1%～4%溶液用于清洗脓创面、0.3%～1%水溶液用于冲洗消毒口腔黏膜等。

（7）**碘剂**　局部消毒。

①5% 碘酊（碘 50 克，碘化钾 10 克，蒸馏水 10 毫升，加 75%酒精至 1 000 毫升）用于手术部位及注射部位消毒。

② 复方碘溶液（碘 50 克，碘化钾 100 克，加蒸馏水至 1 000 毫升）用于治疗黏膜的各种炎症或向关节腔、瘘管内注入消毒。

③5% 碘甘油（碘 50 克，碘化钾 100 克，甘油 200 克，加蒸馏水至 1 000 毫升）治疗黏膜各种炎症。

（8）**新洁尔灭**　浸泡消毒。0.1%水溶液用于浸泡器械、玻璃、搪瓷、橡胶制品及皮肤的消毒；0.15%～2%水溶液用于牛舍空间喷雾消毒。

（9）**百毒杀**　适于牛舍、环境和饮水的消毒。10 000～20 000 倍液用于饮水消毒；3 000 倍液用于牛舍、环境、饲槽、器具消毒。

（10）**二异氰尿酸钠**　0.5%～1%水溶液用于杀灭细菌与病毒，5%～10%水溶液用于杀灭芽孢，可采用喷洒、浸泡、擦拭等方式消毒；400 倍液喷洒消毒；消毒场地 10～20 毫克 / 米^2（0℃以下 50 毫克）；饮水消毒 4 毫克 / 升。不能用于金属制品及有色物品的消毒。

（11）**乙醇**　擦拭消毒。70%乙醇可用于手指、皮肤、注射针头及小件医疗器械等消毒。

5. 牛场常用消毒剂如何归类？

牛场常用消毒剂，根据其化学成分可归类为以下6种。

（1）**酚类消毒药** 如石炭酸、来苏儿、克辽林、菌毒敌、农福等；可以杀灭细菌、病毒和真菌，对多种寄生虫卵也有杀灭效果。主要用于牛栏、设备器械、场地的消毒，杀菌作用强，通常施药1次后，药效可保持5～7天。但注意不能与碱性药物或其他消毒药混合使用。

（2）**醛类消毒药** 有甲醛溶液、戊二醛等；具有广谱、高效、低毒、对金属腐蚀性小、受有机物影响小、稳定性好等特点。适用于医疗器械和耐湿忌热的精密仪器的消毒与灭菌。

（3）**碱类消毒药** 有氢氧化钠、生石灰（氧化钙）、草木灰水等；都是直接或间接以碱性物质对病原微生物进行杀灭作用。对于氢氧化钠，它对纺织品及金属制品有腐蚀性，故不宜对以上物品进行消毒，而且对于其他设备、用具在用烧碱消毒半天后，要用清水进行清洗，以免烧伤牛的蹄部或皮肤。新鲜的草木灰含有氢氧化钾，通常在雨水淋湿之后，能够渗透到地面，常用对生产场地的消毒，特别是对野外放养场地的消毒，这种方法，既可以做到清洁场地，又能有效地杀灭病原菌。生石灰在溶于水之后变成氢氧化钙，同时又产生热量，通常配成10%～20%的溶液对饲养场的地板或墙壁进行消毒。

（4）**含氯消毒药** 有漂白粉、次氯酸钙、三合二、二氯异氰尿酸钠、氯胺（氯亚明）等；具有杀灭细菌、芽孢、病毒及真菌之功能。杀菌作用强，但药效持续时间不长。主要用于畜禽栏舍、饲槽及车辆等的消毒。另外，漂白粉还用于对饮水的消毒，但氯制剂有对金属有腐蚀性、久贮失效等缺点。

（5）**过氧化物消毒药** 有过氧化氢、过氧乙酸、高锰酸钾、臭氧等；对细菌、芽孢和真菌有强烈的杀灭作用。过氧乙酸，消毒时可配成0.2%～0.5%的浓度，对栏舍、饲槽、用具、车辆及地面、墙壁进行喷雾消毒，也可以带牛消毒，但要注意现配现用，因为容易氧化。高锰酸钾，是一种强氧化剂，遇到有机物即起氧化作用，因此，不仅可以消毒，又可以除臭，低浓度时还有收敛作用，供牛饮用可配成 0.1% 水溶液，治疗胃肠道疾病；0.5% 溶液可以消毒皮肤、黏膜和创伤；4% 溶液通常用来消毒饲槽及用具，效果显著。

（6）季铵盐类消毒药　有新洁尔灭、洗必泰、度米芬、消毒净等。新洁尔灭是一种阳离子表面活性剂型的消毒药，既有清洁作用，又有抗菌消毒效果，它的特点是对牛体组织无刺激性，作用快、毒性小，对金属及橡胶均无腐蚀性，但价格较高。0.1% 溶液用于器械用具的消毒，0.5%～1% 溶液用于手术的局部消毒。它是一种新型的消毒药，具有性质比较稳定，安全性好，无刺激性和腐蚀性等特点。能够迅速杀灭病毒、细菌、真菌及藻类致病微生物，药效持续时间为 10 天左右，适合于饲养场地、栏舍、用具、饮水器、车辆的消毒。

6. 什么是定期消毒和临时消毒，如何进行？

（1）按时间区分　牛场的消毒可分为定期消毒和临时消毒。

①定期性消毒　牛场环境一年内进行 2～4 次大消毒，至少于春、秋两季各进行 1 次。肉牛舍内的一切用具每月应消毒 1 次。对牛舍地面及粪尿沟可选用下列药物进行消毒：5%～10% 热碱水、3% 氢氧化钠、3%～5% 来苏儿或臭药水溶液等喷雾消毒，以 20% 生石灰乳粉刷墙壁消毒。饲养管理用具、牛栏、牛床等以 5%～10% 热碱水，或 3% 氢氧化钠溶液，或 3%～5% 来苏儿，或臭药水溶液进行洗刷消毒，消毒后 2～6 小时，在放入牛只前对饲槽及牛床以清水冲洗。清扫运动场，除去杂草后，用 5%～10% 热碱水或撒布生石灰进行消毒。

②临时性消毒　牛群中检出并剔出结核病、布鲁氏菌病或其他疫病牛后，有关牛舍、用具及运动场须进行临时性大消毒。布鲁氏菌病牛发生流产时，必须对流产物及污染的地点和用具进行彻底

消毒，病牛的粪尿应堆积在距离牛舍较远的地方，进行生物热发酵后，方可作为肥料。产房每月进行 1 次大消毒，分娩室在临产牛生产前及分娩后各进行 1 次消毒。

凡属患有布鲁氏菌病、结核病等疫病死亡或淘汰的牛，必须在兽医防疫人员指导下，在指定的地点剖解或屠宰，尸体应按国家的有关规定处理。处理完毕后，对在场的工作人员、场地及用具彻底消毒。怀疑为炭疽病等死亡的牛只，则严禁解剖，按国家有关规定处理。

（2）按作用区分　牛场消毒又可分为预防性消毒、随时消毒和终末消毒。

①**预防性消毒**　又称为日常消毒。是根据生产的需要采用各种消毒方法在生产区和牛群中进行消毒。主要包括定期对栏舍、道路、牛群的消毒，定期向消毒池内投放消毒药等；人员、车辆出入栏舍、生产区的消毒等；饲料、饮水乃至空气的消毒；医疗器械如体温计、注射器等的消毒。

②**随时消毒**　又称及时消毒。牛群中个别牛发生一般性疫病或突然死亡时，立即对其所在栏舍进行局部强化消毒，包括对发病或死亡牛的消毒及无害化处理。

③**终末消毒**　又称季节大消毒。采用多种消毒方法对全场进行全方位的彻底清理与消毒，主要用以全进全出生产系统中空栏期或烈性传染病流行初期，以及疫病平息后准备解除封锁前进行的大消毒。

7. 肉牛场如何选用消毒剂及消毒方法?

（1）**消毒剂的选择**　消毒剂应选择对人、畜和环境比较安全、没有残留毒性，对设备没有破坏和在牛体内不产生有害积累的消毒剂。可选用的消毒剂有：次氯酸盐、有机氯、有机碘、过氧乙酸、生石灰、氢氧化钠、高锰酸钾、硫酸铜、新洁尔灭、酒精等。

（2）消毒方法

①**喷雾消毒** 用一定浓度的次氯酸盐、过氧乙酸、有机碘混合物、新洁尔灭等。用喷雾装置进行喷雾消毒，主要用于牛舍清洗完毕后的喷洒消毒、带牛环境消毒、牛场道路和周围及进入场区的车辆消毒。

②**浸润消毒** 用一定浓度的新洁尔灭、有机碘混合物的水溶液，进行洗手、洗工作服或胶靴。

③**紫外线消毒** 对人员入口处常设紫外线灯照射，以起到杀菌效果。

④**喷撒消毒** 在牛舍周围、入口、产床和牛床下面散撒生石灰或氢氧化钠杀死细菌和病毒。

（3）消毒制度

①**环境消毒** 牛舍周围环境包括运动场，每周用 2% 氢氧化钠消毒或撒生石灰 1 次；牛场周围及场内污水池、排粪坑和下水道出口，每月用漂白粉消毒 1 次。在大门口和牛舍入口设消毒池，使用 2% 氢氧化钠溶液。

②**人员消毒** 工作人员进入生产区应更换工作衣和紫外线消毒 3～5 分钟，工作服不应穿出场外。

③**牛舍消毒** 牛舍在每班牛只下槽后应彻底清扫干净，定期用高压水枪冲洗，并进行喷雾消毒和熏蒸消毒。

④**用具消毒** 定期对饲喂用具、饲槽和饲料车等进行消毒，可用 0.1% 新洁尔灭或 0.2%～0.5% 过氧乙酸消毒，日常用具如兽医用具、助产用具、配种用具等在使用前后应进行彻底清洗和消毒。

⑤**带牛环境消毒** 定期进行带牛环境消毒，有利于减少环境中的病原微生物。可用于带牛环境消毒的药物有：0.1% 新洁尔灭，0.3% 过氧乙酸，0.1% 次氯酸钠等，以减少传染病和蹄病的发生。带牛环境消毒应避免消毒剂污染饲料。

⑥**术前消毒** 助产、配种、注射治疗及任何对肉牛进行接触操作前，应先将牛有关部位如阴道口和后躯等进行消毒擦拭，以保证

牛体健康。

（4）消毒时间

①**进牛前消毒** 对圈舍及其周边进行 1 次彻底消毒，杀灭所有病原微生物。病原微生物的繁殖能力很强，必须对圈舍及其周围环境进行严格消毒。

②**出栏后消毒** 出栏后，其圈舍内外病原微生物较多，必须进行 1 次彻底清洗和消毒。消毒圈舍的地面、墙壁及其周边，所有的粪便要集中运至粪污处理场，让其发酵，所有养殖工具要清洗和药物消毒。

③**日常消毒** 规模养殖场一般都有严格的消毒制度和措施，而普通农户养殖数量较少，一般每月消毒 1～2 次。高温季节加强消毒，夏季气温高，病原微生物极易繁殖，是畜禽疾病的高发季节。因此，必须加大消毒强度，选用广谱高效消毒药物，增加消毒频率，一般每周消毒 1 次。

④**紧急消毒** 如果肉牛发生疫病，往往引起传染，应立即隔离治疗，同时迅速清理所有饲料、饮水和粪便，并实施紧急消毒，必要时还要对饲料和饮水进行消毒。当附近出现传染病时，也要加强免疫和消毒工作。

8. 什么是免疫检测与免疫接种？

所谓免疫监测，就是利用血清学方法，对某些疫苗免疫动物在免疫接种前后的抗体跟踪监测，以确定接种时间和免疫效果。在免疫前，监测有无相应抗体及其水平，以便掌握合理的免疫时机，避免重复和失误；在免疫后，监测是为了了解免疫效果，如不理想可查找原因，进行重免；有时还可及时发现疫情，尽快采取扑灭措施。如定期开展牛口蹄疫等疫病的免疫抗体监测，及时修正免疫程序，提高疫苗保护率。

免疫接种是给动物接种各种免疫制剂（疫苗、类毒素及免疫血清），使动物个体和群体产生对传染病的特异性免疫力。免疫接种是预防和治疗传染病的主要手段，也是使易感动物群转化为非易感动物群的有效措施。免疫接种可分为预防接种和紧急接种。

9. 什么是预防接种和紧急接种，如何进行？

生产中为了预防某些传染病的发生和流行，有组织有计划地按免疫程序给健康牛群进行的免疫接种称为预防接种。预防接种常用的免疫制剂有疫苗、类毒素等。由于所用免疫制剂的品种不同，接种方法也不一样，有皮下注射、肌内注射、皮肤刺种、口服、点眼、滴鼻、喷雾吸入等。预防接种，即根据当地的传染病流行情况，有针对性地拟定年度预防接种计划，确定免疫制剂的种类和接种时间，按所制定的各种动物免疫程序进行免疫接种，要求做到头头注射，只只免疫。在预防接种后，要注意观察被接种动物的局部或全身反应（免疫反应）。局部反应是接种局部出现一般的炎症变化（红、肿、热、痛）；全身反应，则呈现体温升高、精神不振、食欲减少、泌乳量降低等。轻微反应是正常的，若反应严重，则应进行适当的对症治疗。

紧急接种是指在发生传染病时，为了迅速控制和扑灭疫病的流行，而对疫区和受威胁区尚未发病的动物进行的应急性免疫接种。应用疫苗进行紧急接种时，必须先对动物群逐头进行详细的临床检查，只能对无任何临床症状的动物进行紧急接种，对患病动物和处于潜伏期的动物，不能接种疫苗，应立即隔离治疗或扑杀。但应注意，在临床检查无症状而貌似健康的动物中，必然混有一部分疫病潜伏期的动物，在接种疫苗后不仅得不到保护，反而促进其发病，造成一定的损失，这是一种正常的不可避免的现象。但由于这些急性传染病潜伏期短，而疫苗接种后又能很快产生免疫力，因而发病数不久即可下降，疫情会得到控制，多数动物可得到保护。

10. 什么是疫苗，分哪几类？

疫苗系指通过人工减毒或杀死的病原生物（细菌、病毒、立克次体等）或其抗原性物质所制成，用于预防接种的生物制品。亦即可使机体产生特异性免疫的生物制剂。带有一定的毒性，因而其保存、使用要严格按产品说明书规定进行；接种时用具（注射器、针头）及注射部位应严格消毒；多数疫苗不能混合使用，更不能使用过期疫苗；装过疫苗的空瓶和当天未用完的疫苗，应该采用焚烧或深埋的方法处理。疫苗接种后2～3周要观察接种牛群，如果接种部位出现局部肿胀、体温升高等症状，一般可不做处理；如果反应持续时间过长，全身症状明显，应请兽医诊治；建立免疫接种档案，每接种1次疫苗，都应将接种日期、疫苗种类和批号、接种牛群、接种量等详细登记。

疫苗保留了病原菌刺激动物体免疫系统的特性。当动物体接触到这种不具伤害力的病原菌后，免疫系统便会产生一定的保护物质，如免疫激素、活性生理物质、特殊抗体等；当动物再次接触到这种病原菌时，动物体的免疫系统便会根据其原有的记忆，制造更多的保护物质来阻止病原菌的伤害。一定意义上，疫苗也是一种病毒或病菌，只是经过处理，没有那么强的病变效应。

牛常用的疫苗可分为活菌疫苗、死菌疫苗、类毒素和基因工程疫苗等。

（1）活菌疫苗　减毒活菌作为疫苗用。接种活疫苗会发生轻微的感染，血液和细胞中对该病的抵抗性会提高。免疫力长久持续，所以不用进行数次追加免疫。

（2）灭活菌疫苗　杀死病原体，只留下能够产生免疫力的毒素作为疫苗。接种灭活菌疫苗，可在血中制造抗体，以杀死入侵的病原体。灭活菌疫苗无法像活疫苗一样在体内增殖，所以必须经常追加接种，以强化免疫。

（3）类毒素疫苗　类毒素疫苗是采用一些经过铝或者铝盐进行吸收处理，毒副作用降低的毒素细胞制成的疫苗。即取出病原体的毒素，加以削弱毒性而成为无毒化。接种类毒素后，血中可制造某种物质，使菌中的毒素无毒化，可借此预防疾病。与灭活菌疫苗相同，不具持续力，所以必须经常追加接种。

（4）**基因工程疫苗**　基因工程疫苗是用重组脱氧核糖核酸（DNA）技术克隆并表达保护性抗原基因，利用表达的抗原产物或重组体本身（多数无毒性、无感染能力、有较强免疫原性）制成的疫苗。此种疫苗不会引发其他疾病，可安全地使用于无免疫力牛群。

11. 接种疫苗的注意事项有哪些？

（1）**疫苗的选用**　应根据本场的实际情况，选择适合的疫苗及相应的血清型，所选的疫苗应是通过《药品生产质量管理规范》（GMP）验收的生物制品企业生产，具有农业部正式生产许可证及批准文号。在选购时应仔细检查疫苗瓶，凡疫苗瓶破裂、瓶盖松动、无标签、标签字迹不清、苗中混有杂质、变色、过期失效、未按规定条件保存的均不得选用。

（2）**疫苗的运输**　当外界环境温度不超过8℃，疫苗可常规运输；当超过8℃以上，需冷藏运输，可用保温箱或保温瓶加些冰块，避免阳光照射。疫苗应尽量避免由于温度忽高忽低而造成反复冻融，以免失活或降低效价。

（3）**疫苗的保存**　病毒性冻干疫苗常在–15℃以下保存，保存期一般为2年。细菌性冻干疫苗在–15℃保存时，保存期一般为2年；在2℃～8℃保存时，保存期为9个月。油佐剂灭活疫苗在2℃～8℃保存，禁止冻结。铝胶佐剂疫苗一般在2℃～8℃保存，不宜冻结。蜂胶佐剂灭活疫苗在2℃～8℃保存，不宜冻结，用前充分摇匀。疫苗自稀释后15℃以下4小时、15℃～25℃2小时、25℃以上1小时内用完。

（4）**疫苗的应用**　疫苗必须按使用说明应用。如要加大或减少剂量应有一定的理论依据或在当地兽医的指导下进行。疫苗必须现用现配，并争取在最短的时间内接种完毕，已稀释的疫苗必须一次用完。如免疫时间稍长（如超过2小时或半天），最好随时将疫苗液放在4℃冰箱内暂时贮存，如无条件应放在水缸旁等阴凉处。

应用疫苗后要认真做好免疫记录，详细注明免疫时间、品种、日龄、数量、疫苗名称、产地、规格、有效期、批号、剂量，以及接种人员姓名等以备监测免疫效果。

12. 如何防治生殖道疾病?

生殖道疾病对母牛的繁育能力影响较大，因此必须要加强生殖道疾病的预防和治疗，树立"防重于治"的防治理念，防病于未然。首先，输精员必须严格按操作规程输精，防止通过输精枪污染母牛生殖道，造成外源性感染。其次，母牛产犊时应尽量避免将手伸入生殖道内助产或检查，让母牛自然分娩。需要助产时手臂应进行严格消毒，同时用消毒药液清洗母牛外阴，或待犊牛两前肢露出母牛阴门后，牵引两前肢助产。产犊后可投入抗菌药物，预防子宫炎症发生。

在久配不孕的牛中，大多数母牛有生殖道炎症，且多数为子宫内膜炎和子宫颈炎。生殖道炎症之所以引起不孕，是因为生殖道发炎危害了精子、卵子及合子。同时，使卵巢的功能发生紊乱从而造成不孕。

（1）子宫内膜炎

①**诱因**　产房卫生条件差，临产母牛的外阴、尾根部污染粪便而未彻底洗净消毒；助产或剥离胎衣时，术者的手臂、器械消毒不严，胎衣不下腐败分解，恶露停滞等，均可引起产后子宫内膜感染。

②**症状**　根据病理过程和炎症性质可分为急性黏液脓性子宫内膜炎、急性纤维蛋白性子宫内膜炎、慢性卡他性子宫内膜炎、慢性脓性子宫内膜炎和隐性子宫内膜炎。通常在产后1周内发病，轻者无全身症状，发情正常，但不能受孕；严重的伴有全身症状，如体温升高，呼吸加快，精神沉郁，食欲下降，反刍减少等表现。患牛弓腰、举尾，有时努责，不时从阴道流出大量污浊或棕黄色黏液脓

性分泌物，有腥臭味，内含絮状物或胎衣碎片，常附着尾根，形成干痂。直肠检查，子宫角变粗，子宫壁增厚。若子宫内蓄积渗出物时，触之有波动感。

③**防治** 产房要彻底打扫消毒，对于临产母牛的后躯要清洗消毒，助产或剥离胎衣时要无菌操作。对于患牛主要是控制感染，促使子宫内炎性产物的排出，对有全身症状的进行对症治疗。如果子宫颈未开张，可肌内注射雌激素制剂促使开张，开张后肌内注射催产素或静脉注射 10% 氯化钙注射液 100～200 毫升，促进子宫收缩而排出炎性产物。然后用 0.1% 高锰酸钾液或 0.02% 新洁尔灭液冲洗子宫，20～30 分钟后向子宫腔内灌注青霉素链霉素合剂，每天或隔天 1 次。连续 3～4 次。但是，对于纤维蛋白性子宫内膜炎，禁止冲洗，以防炎症扩散，应向子宫腔内注入抗生素，同时进行全身治疗。

（2）子宫颈炎

①**诱因** 主要是人工授精时，因操作不当或长时间多次操作后，碰伤了子宫颈，引发子宫颈炎直至子宫颈增生。

②**症状** 阴道分泌物增多，呈灰白色纤丝状，甚至带血，但发情正常，就是不易受孕，严重者伴有全身症状，如体温升高，食欲下降，精神沉郁等。

③**防治** 人工授精的一切用具必须洁净无菌，技术员操作技术要熟练，一定要做到动作轻、速度快，对于患牛，用干奶油剂冲洗子宫颈，每天 1 次，每次注入 2～3 毫升，经过 1 周可治愈。子宫颈炎多在分娩、助产或人工授精时损伤或感染而发生，检查时可见子宫颈阴道部黏膜潮红，如变为慢性时黏膜变厚。临床治疗，用 0.5% 来苏儿或 0.1% 高锰酸钾液冲洗子宫颈外口和阴道，然后涂上复方碘溶液或碘甘油。

（3）卵巢炎

母牛患有炎症时，正常发情及排卵均被破坏，直检触摸时体积增大，并有疼痛感，有脓肿时，采用抗生素或磺胺进行治疗。

（4）阴道炎

由分娩、助产、人工授精时感染造成的，症状为从阴门流出炎性分泌物，常附在阴门下角及周围皮肤；阴道检查，可发生阴道黏膜肿胀，充血、有疼痛感。临床治疗，用0.1%高锰酸钾液冲洗阴道，然后在阴道壁涂以碘甘油、青霉素软膏、磺胺软膏或呋喃西林软膏等。

（5）子宫脱出

指在妊娠期因饲养管理不当，而在分娩过程中常出现的子宫脱出和胎衣不下。

①**诱因**　饲料单一，质量差，缺乏运动，过度劳累等导致会阴部组织松弛、无法固定子宫。该病多见于老龄母牛和经产母牛。另外，助产不当、产道干燥而迅速拉出胎儿或在露出的胎衣断端系重物等均可引起子宫脱出。此外，瘤胃臌气、瘤胃积食、便秘、腹泻等也能诱发该病。

②**症状**　子宫部分脱出时，脱出现象为子宫角翻至子宫颈或阴道内而发生套叠，仅有不安、努责和类似病痛症状，通过阴道检查才能发现。子宫全部脱出时，子宫角、子宫体及子宫颈部外翻于阴门外，且下垂。脱出的子宫内膜上常附有部分胎衣和子叶。子宫黏膜初为红色，以后变为紫红色，子宫壁水肿增厚，呈肉冻样，表面发裂，流出渗出液。

③**防治**　预防上主要是消除病因。治疗时要针对不同症状采取相应措施，子宫部分脱出时，只要加强护理，防止脱出部位受损，如将其尾固定，以防摩擦脱出部位，减少感染机会；多放牧，舍饲时要给予易消化的饲料等。可不必采取特殊疗法。子宫全部脱出时，必须进行整复。

第一，将病牛站立保定，并呈前低后高的体位，用温水灌肠，使直肠内空虚。

第二，用温热的0.1%高锰酸钾冲洗脱出部的表面污物，剥离残留的胎衣以及坏死组织，再用3%～5%温明矾水冲洗。如果脱出部分水肿明显，可用消毒针乱刺黏膜挤压排液，如有裂口，应涂擦碘酊，裂口深而大的要缝合。

第三，用2%普鲁卡因注射液8～10毫升在尾荐间隙注射，施行硬膜外腔麻醉。

第四，在脱出部包盖浸有消毒、抗菌药物的油纱布，用手掌在患畜不努责时，将脱出的子宫托送入阴道，直到子宫恢复正常位置，再用一只手插入到阴道内，并在里面停留片刻，以防止努责时再脱出，同时防止感染和促进子宫收缩，可在子宫内放置抗生素和磺胺类药物，随后注射缩宫素60～100单位。最后对阴门做烟包缝合，经数天后子宫不再脱出时即可拆线。

第五，中药治疗，服补中益气汤：党参、生黄芪、白术、蜜升麻、柴胡各32克，当归64克，陈皮、炙甘草各16克，五味子26克，大枣15个，生姜3片为引，研成末，开水冲调，待温后灌服。

（6）胎衣不下

①**诱因** 主要有两个原因，一是产后子宫收缩不力，因为妊娠期间饲料单纯，缺乏矿物质、微量元素和某些维生素，或者产双胞胎、胎儿过大、胎水过多，使子宫过度扩张。二是胎盘炎症，妊娠期间子宫受到感染，发生隐性子宫内膜炎及胎盘炎，母子胎盘粘连。此外，流产和早产等原因也能导致胎衣不下。

②**症状** 胎衣不下有部分胎衣不下和全部胎衣不下。部分胎衣不下即一部分子叶脱下并断离，其余部分仍停留在子宫腔和阴道内，一般不易察觉，有时发现拱背、举尾和努责现象。全部胎衣不下即全部胎衣停滞在子宫或阴道内，仅有少量黏膜垂挂于肛门外，黏膜上有脐带血管断端和大小不同的子叶。胎衣不下初期一般无全身症状，经1～2天后，停滞的胎衣开始腐败分解，从阴道内排出污浊并混有胎衣碎片的恶臭液体，腐败分解产物若被子宫吸收，可出现败血型子宫炎和毒血症，患牛表现体温升高、精神沉郁、食欲减退、泌乳减少等。

③**防治** 胎衣不下的治疗方法很多，概括起来可分为药物治疗

和手术剥离两类。

药物治疗：皮下或肌内注射垂体后叶素 50～100 单位，最好在产后 8～12 小时注射，若分娩后超过 24～48 小时，效果不佳；也可注射催产素 10 毫升，麦角新碱 6～10 毫克。以上两种方法均能促进子宫收缩，加速胎衣排出。

手术剥离：先用温水灌肠，以排出直肠中的宿粪，或用手掏出宿粪。再用 0.1% 高锰酸钾液洗净外阴。后用左手握住外露的胎衣，右手顺阴道伸入子宫，寻找子宫叶，找到子宫叶后先用拇指找出胎儿胎盘的边缘，然后将食指或拇指伸入胎儿胎盘和母体胎盘之间，把它们分开，至胎儿胎盘被分离，用拇、中指握住胎衣，轻拉即可完整的剥离下来。如果粘连较紧，须慢慢剥离。操作时须由近向远，越靠近子宫角尖端，越不易剥离，应特别小心，力求完整取出胎衣，且不损伤子宫内膜。

（7）产后瘫痪　生产瘫痪又称乳热症、产后疯，是围产期母牛在产犊后（也有少数病例在产前 1～3 日内）突然发病的一种急性低血钙症。临床上以感觉丧失、四肢瘫痪、消化道麻痹、体温降低为特征。

①病因　主要是由于体内大量的钙流失所致，分娩后大量产奶，钙从奶里流失，血钙含量急剧下降。血钙测定病牛为 3～7.76 毫克，正常牛为 8.6～11.1 毫克。分娩前腹压增大，乳房肿胀，影响静脉回流，分娩后，腹压急剧下降，致使流入腹腔与乳房的血液增多，头部的血液减少，血压下降，引起中枢神经暂时性贫血，功能障碍，致使大脑皮质受到抑制，影响血钙的调节。同时，血液中磷的含量也减少。

②症状　重型病例呈伏卧状不能站立，四肢屈于躯干下，头向后弯至胸部。用手将头拉直，但一放手后就又恢复原状。个别母牛四肢伸直抽搐。卧地时间一长，出现瘤胃臌气。没有意识和知觉，皮肤对疼痛刺激无反应，呼吸深慢，脉搏快弱（80～120 次/分）。肛门松弛，舌头外露。体温可降低至 37℃ 以下。

轻型病例，除瘫痪外，头颈呈"S"状弯曲，精神沉郁，但不昏睡，食欲废绝。反射减弱，但不完全消失，体温正常或稍低。

③**诊断**　发病母牛多为3～6胎，产后不久（多数在3天以内）出现食欲下降，反刍停止，蜷卧瘫痪症状。

④**治　疗**

乳房送风法：乳房送风使乳房膨满，内压增高，压迫乳房血管，减少乳房的血液，抑制泌乳，使血钙的含量不致急剧减少。送风用乳房送风器，送风前，使牛侧卧，挤出乳汁。先在消毒的乳导管尖端涂上些许消毒的凡士林，再将导管插入乳头内，用送风器将空气徐徐送入乳房内，使空气充满乳房，但要防止乳管和腺泡破裂。四个乳区均注入空气，为防止空气逸出，取出乳导管后，用手轻轻捻乳头。若乳头括约肌松弛，则用绷带将乳头的基部扎住。经过半个小时，全身状况好转。起立后1小时可去掉绷带。

钙疗法：常用20%葡萄糖酸钙注射液500毫升（500千克体重的牛）与10%葡萄糖1 000毫升，混合后静脉注射。若经12小时未见效，可重复注射，但最多不超过3次。体重较大者1次用量可增至700～800毫升，为减少钙剂的不良刺激，可用等量的等渗糖或10%葡萄糖注射液做适当稀释后静脉滴注。如出现颤栗等不良反应，可降低滴注速度。还可用25%硫酸镁注射液100毫升，用等渗糖稀释成1%浓度的镁溶液与钙剂轮换滴注。

激素疗法：用地塞米松注射液，每次肌内注射10～20毫升，每日1次，连用1～2天。

调整体液：增加血糖含量，可用25%葡萄糖注射液500毫升，复方氯化钠注射液和生理盐水各1 000毫升，与钙剂同时静脉滴注。

补充维生素D：开始补钙时，肌内注射维生素$D_3$1 000单位/次。对心脏功能减弱的病牛可肌内注射10%安钠咖注射液20毫升。

⑤**预防**　加强饲养管理，产前少喂高钙饲料；增加阴离子饲料喂量，产前21天，每天可补食50～100克的氯化铵和硫酸铵，产前5～7天每天肌内注射维生素$D_3$2 000～3 000单位；静脉注射

25%葡萄糖和20%葡萄糖酸钙各500毫升，每天1次，连用2～3次。每日要多运动，多晒太阳。减少精饲料和多汁饲料。产后要喂给大量的盐水，促使降低的血压迅速恢复。

13. 激素紊乱性疾病主要有哪些，如何防控？

由于饲养管理不当、生殖道炎症、环境应激等，使生殖系统功能异常，体内激素分泌紊乱而使母牛的生殖功能受到破坏，常发生卵巢囊肿、卵巢静止、持久黄体等。

（1）卵巢囊肿　卵巢囊肿可分为卵泡囊肿和黄体囊肿。目前认为卵巢囊肿可能与内分泌功能失调、促黄体素分泌不足、排卵机能受到破坏有关。

①症　状

卵泡囊肿：病牛发情不正常，发情周期变短，而发情期延长，或者出现持续而强烈的发情现象，俗称"慕雄狂"。并且病牛极度不安，大声哞叫，食欲减退，排粪排尿频繁，经常追逐或爬跨其他母牛，有时攻击人、畜。直肠检查时，发现卵巢增长，在卵巢上有1个或2个以上的大囊肿，略带波动。

黄体囊肿：与卵泡囊肿的行为表现相反。母牛不发情，直肠检查卵巢体积增大，可摸到带有波动的囊肿。为了鉴别诊断，可间隔一定时间进行复查，若超过一个发情期以上没有变化，母牛仍不发情，可以确诊。

②防治　加强饲养管理，减少应激，人工授精时，严格按照操作规程进行，对于患牛，近年来多采用激素治疗囊肿，效果良好。

例1：促性腺激素释放激素类似物：母牛每次肌内注射400～600微克，每天1次，可连续使用2～4次，但总量不能超过3 000微克。一般在用药后15～20天，囊肿会逐渐消失而恢复正常排卵。

例2：垂体促黄体素：无论卵泡囊肿或黄体囊肿，母牛一次肌内注射200～400单位，一般3～6天后囊肿消失并形成黄体，15～20天恢复正常发情。若用药1周后仍未见好转，可第二次用药，剂量比第一次稍增大。

例3：绒毛膜促性腺激素：具有促使黄体形成的作用，牛静脉注射2 500～3 000单位或肌内注射0.5万～1万单位。

（2）持久黄体 饲料单纯，维生素和矿物质缺乏，运动不足，子宫内膜炎，或产后子宫复旧不全或子宫肌瘤等均可影响卵泡的退缩和吸收，而成为持久性黄体。

①症状 母牛发情周期停止，长时间不发情，直肠检查时可摸到一侧卵巢增大并发硬。若超过了应当发情的时间而不发情，需间隔5～7天，进行2～3次直肠检查，黄体大小、位置及硬度均无变化，即可确诊为持久性黄体。但为了与妊娠黄体加以区别，必须仔细检查子宫。

②防治 根据具体情况改进饲养管理或首先治疗子宫疾病。为了促进持久黄体退缩，可肌内注射前列腺素（PG）5～10毫克，一般注射1次后，1周内发情，配种即能受胎。也可肌内注射氯前列烯醇或氟前列烯醇0.5～1毫克，注射1次后，一般在1周内见效，若无效时，可间隔7～10天重复1次。

（3）卵巢静止 因饲养管理不当，子宫疾病等使卵巢功能受到扰乱后而处于静止状态。

①症状 主要表现为母牛不发情，直肠检查时，卵巢大小、质地正常，却无卵泡和黄体，或者有残留的陈旧黄体痕迹，大小如蚕豆并较软。而有些卵巢质地较硬、略小，相隔多天后卵巢仍无变化，子宫收缩无力，体积缩小。

②防治 加强饲养管理，补充营养如维生素、矿物质等，加强运动。治疗患牛时大多采用通过直肠按摩卵巢、子宫颈、子宫，隔天1次，每次10分钟左右，4～5次为1个疗程，并结合肌内注射己烯雌酚20毫克，3 200单位；黄体酮50毫克，每天1次，连用3天。5～7天后若无黄体或卵胞再进行1次。

14. 如何区分和防治母牛的早产和流产？

在妊娠期间，母牛除了维持自身的正常生命活动以外，还要供给胎儿发育所需要的物质及正常环境。如果母体的生理状况能够适应妊娠的特点，母体和胎儿及它们和外界生活条件之间就能保持相对的平衡，妊娠过程就能正常发展。否则，如果饲养管理不符合妊娠的特殊要求，母体或胎儿的健康发生扰乱或受到损害，这种平衡就会受到破坏，正常的妊娠就会转化为反常的病理过程，而发生妊娠期疾病，继而导致流产。母牛流产不仅胎儿夭折，同时也影响母牛健康。在给畜牧业发展造成影响的同时，也给养殖户带来了很大的经济损失。在日常生产中，流产的种类很多，能够正确了解母牛流产的原因和症状，可以有效地减少一些流产的发生，从而减少不必要的经济损失。

（1）流产与早产的区分　指胚胎或胎儿与母体之间的孕育关系被破坏，使妊娠中断，胎儿提前与母体分离。流产可发生在妊娠的各个阶段，但以妊娠早期为多见。通常母牛在妊娠 210 天以前中断妊娠的，称为流产，而在妊娠 210～269 天之间产出胎儿的叫作早产。

（2）早产与流产的原因　流产的原因分为传染性流产和非传染性流产，传染性流产的病牛严格按照国家有关传染病防控条例执行。而非传染性流产（普通流产）主要原因有以下几种。

①饲养性流产　饲料品质不佳、饲喂量不足或营养成分不全。如饲喂发霉、腐败、有毒的饲料，常能引起妊娠母牛流产；草料严重不足，母牛长期处于饥饿状态，胎儿得不到所需的营养，就会造成流产或早产；日粮中缺乏某种维生素、矿物质和微量元素时，胎儿的生长发育受到影响，可引起流产或胎儿出生后孱弱。

②管理不当性流产　妊娠动物与其他动物角斗或被挫伤、撞伤、挤伤，妊娠后剧烈奔跑等均可诱发子宫收缩而引起流产或早产。

③配种及医疗失误性流产　母牛本已妊娠而被误认为空怀，强

行配种或人工授精，往往引起流产。临床上使用大剂量利尿药、驱虫药、泻下药和误服中药或妊娠禁忌药等，均能引起流产。

④**生殖器官疾病** 母牛生殖器官疾病所造成的流产较多。例如，患局限性慢性子宫内膜炎时，交配可以受胎，但在妊娠期间，如果原有的局限性炎症逐渐发展扩散，则胎儿受到侵害，就会死亡。患阴道脱出、阴道炎及子宫颈炎时，炎症可以破坏子宫颈黏液塞，向子宫蔓延，引起胎膜发炎，危害胎儿，导致胎儿死亡或流产。

⑤**胎儿及胎盘发育异常** 精子或卵子有缺陷，所形成的受精卵生命力低下，胚胎发育至某个阶段而死亡。胎膜水肿、胎盘上的绒毛变性、胎水过多等病变，可影响胎儿的生长发育或导致胎儿死亡而流产。

⑥**生殖激素失调** 妊娠以后，子宫的功能状况及内环境的变化受激素的影响，其中直接有关的是孕酮和雌激素。当激素作用紊乱时，子宫的功能活动和内环境变化不能适应胚胎发育的需要，胚胎发育会受到影响或出现早期死亡。

⑦**疾病性流产** 如牛的瘤胃臌气，可反射性地引起子宫收缩；牛顽固性前胃弛缓及真胃阻塞，拖延日久，导致机体衰竭，胎儿得不到营养；妊娠毒血症等都会发生流产。此外，凡是能引起妊娠动物体温升高、呼吸困难、高度贫血的疾病，均可能引发流产。

⑧**习惯性流产** 个别妊娠母牛每当妊娠至一定时期时就发生流产，称为习惯性流产。多半是由子宫内膜变性、硬结及瘢痕，子宫发育不全，近亲繁殖及卵巢功能障碍等引起。

（3）**流产与早产的症状** 妊娠早期胚胎尚未充分发育被母体吸收，只表现在妊娠黄体的消失。重新出现发情，临床上不易察觉。

对妊娠3～7个月的母牛来说，流产就会出现先兆，如阴门肿胀充血，黏液流出夹杂血液，乳房肿大甚至可以泌乳。部分牛流产后表现努责，弓背，频繁排尿等。

子宫炎引起的流产，所排出的胎儿多呈现水肿，气肿，色暗，坏死腐败有臭味；

碰撞损伤引发的流产，所排出的胎儿多颜色新鲜，甚至排出活胎；

防治主要应从改善饲养管理，积极发现病牛，事先给予彻底治疗，减少操作污染（产前、产后及配种期）等方面着手预防为主。妊娠动物未到分娩期，出现腹痛，起卧不安，呼吸、脉搏加快等流产征兆，但子宫颈口黏液塞尚未液化，子宫颈口紧闭，直肠检查胎儿仍活着，应全力保胎，及时采取制止阵缩及努责的措施，并选择安胎药物，使母牛安静，减少不良刺激，避免发生流产。可用黄体酮注射液 50~100 毫克，肌内注射，每日或隔日用药 1 次，连用 2~3 次。在注射黄体酮的同时，内服白术安胎散，效果更好。白术安胎散可使用中成药，也可采用：炒白术 25 克，当归 30 克，川芎 20 克，白芍 30 克，熟地黄 30 克，阿胶 20 克，党参 30 克，苏梗 25 克，黄芩 20 克，艾叶 20 克，甘草 20 克。共煎取汁，候温灌服，隔日 1 剂，连服 3 剂。此方具有补气、养血、清热、安胎作用，适用于胎动不安及习惯性流产。

经上述处理病情仍未好转，阴道排出物继续增多，起卧不安加剧，胎囊已进入阴道或已破水，应尽快促使胎儿排出，可肌内注射垂体后叶素 50~80 单位或注射己烯雌酚 20~200 毫克，促使胎儿排出。或按助产原则引出胎儿，以免胎儿腐败，诱发子宫内膜炎，导致母牛不育。

流产不仅可导致胎儿死亡，对母体也有很大危害，甚至造成母子双亡。因此，必须查明流产的发生原因，对流产的胎儿、胎衣及胎盘，要进行仔细检查，检查有无异常和病变，并应销毁掩埋。必要时可进行实验室检查，并深入调查研究，以查清引起流产的原因，及时采取有效的预防措施。

15. 如何防治牛寄生虫病？

（1）牛寄生虫病的诊断和监测

①粪便中虫卵检查 由于许多寄生虫（吸虫、线虫、原虫）主

要寄生于胃肠道，一些寄生于肝胆、血液的寄生虫也通过粪便排卵或卵囊。检测牛粪便中的寄生虫虫卵或卵囊，是评估寄生虫感染种类和强度，最经济、可靠和可操作的方法。采集新鲜粪样进行饱和糖/盐水漂浮法和沉淀法检查寄生虫幼虫、虫卵和卵囊，通过麦克马斯特方法对虫卵和卵囊计数，计算其 EPG 或 OPG（每克粪便中的虫卵或卵囊数量），甚至能找到成虫。

②**虫体收集和鉴定** 利用屠宰死亡和淘汰的个体牛，采用完全剖检法收集全部虫体按常规方法处理，逐条进行鉴定，能比较系统、全面了解寄生虫种类和感染强度，准确鉴定寄生虫种类。

③**检测寄生虫抗原或抗体** 采集血液进行影响流产或危害人类健康的新孢子虫和弓形虫等血液内寄生虫的检测；涂片染色检查附红细胞体、巴贝斯虫等。

根据诊断、调查和监测结果，确定是否有必要实施驱虫。如果应该进行驱虫，根据监测的寄生虫病种类和强度，选择相应药物实施有效的驱虫；驱虫后，及时检测牛粪便中的虫卵或卵囊变化，对驱虫效果进行评价。

（2）牛寄生虫病的防治

防治牛寄生虫病应当重视以下 4 个基本原则。

①**强化驱虫意识，掌握驱虫技术** 提高兽医技术人员及养牛人员对牛寄生虫病的认识，让养牛人员真正认识到其危害及其特点，掌握寄生虫病的防治要点。

②**应用青干草和青贮饲料** 青草饲养和野外放牧时间长，相应的寄生虫感染机会增大。干草和青贮饲料经过干燥或发酵，多数寄生虫幼虫和虫卵被杀死，调整饲料类型，以降低牛感染寄生虫病的几率。

③**环境卫生和粪便无害化处理** 一般牛场常用的消毒剂对寄生虫虫卵和卵囊无效。做好环境卫生是减少或预防寄生虫感染的重要环节，一是尽可能地减少牛与寄生虫感染源的接触，经常消除粪便，可减少牛与寄生虫虫卵、卵囊和幼虫的接触机会，又可以有效

地降低寄生虫病等病原体的扩散，保持饲料、饮水不受污染；二是杀灭外界环境中的病原体，粪便集中堆积发酵，利用生物热杀灭虫卵、卵囊和幼虫，同时杀灭寄生虫的中间宿主或媒介等。

④制定科学合理的防治规程　结合诊断和监测结果，选择相应的药物，进行有效驱虫。根据需要，采用2种或2种以上药物联合用药，发挥药物的协同作用，扩大驱虫范围，提高药效，减少用药次数，降低成本，另外还要注意选择剂型，可用片剂、针剂、混悬剂等多种剂型，实行口服、注射和涂搽等相结合。驱虫药的选择应以高效、广谱、低毒、无残留、无毒副作用，使用方便为原则。

第一，寄生虫的防治措施必须坚持预防为主，防治结合的方针，消除各种致病因素。对本地牛寄生虫病的流行情况，认真调查，并制订适合当地牛群的预防和驱虫计划。

第二，控制或消除传染源，春季，对犊牛牛群进行驱虫的普查工作，发现病牛要及时驱虫。驱虫后及时收集病牛排出的虫体和粪便进行无害化处理，防止病原散播。

第三，切断传播途径，减少或消除传染机会，夏、秋季进行全面的灭蚊蝇工作，并各进行1次检查疥螨、虱子等体表寄生虫的工作，杀灭外界环境中的虫卵、幼虫、成虫等，杀灭老鼠等传播媒介。

第四，加强牛群的饲养，饲喂优质饲料，防止饲料、饮水被病原体污染，在牛体上喷洒杀虫剂、避驱剂，防止吸血昆虫叮咬等。

第五，加强牛群的管理，保持饮水、饲料、厩舍及周围环境卫生，严禁收购肝片吸虫病流行疫区的水生饲料作为牛的粗饲料，严禁在疫区有蜱的小丛林放牧和有钉螺的河流中饮水，以免感染焦虫病和血吸虫病等。

第六，有计划、有目的、有组织地进行驱虫，定时化验，定时检查，逐个治疗。每年的6～9月份，在焦虫病流行的疫区要定期进行牛群体表检查，重点做好灭蜱工作，10月份，对牛群进行1次肝片吸虫的预防驱虫工作。

16. 如何防治牛胃肠疾病？

（1）瘤胃膨胀　瘤胃膨胀又称瘤胃臌气，是一种气体排泄障碍性疾病，由于气体在瘤胃内大量积聚，致使瘤胃容积极度增大，压力增高，胃壁扩张，严重影响心、肺功能而危及生命。分为急性和慢性两种。

①病因　急性瘤胃臌胀是由于牛采食了大量易发酵的饲草料，如采食了大量的幼嫩多汁饲料或开花前的苜蓿、三叶草、发酵的啤酒糟等。胃内迅速产生大量气体而引起瘤胃急剧膨胀，如带露水的幼嫩多汁青草或豆科牧草、酒糟和冰冻的多汁饲料或腐败变质的饲料等。慢性瘤胃臌胀大多继发于食管、前胃、真胃和肠道的各种疾病。

②症状　急性瘤胃臌胀：病牛多于采食中或采食后不久突然发病，表现不安，回头顾腹、后肢踢腹、背腰拱起、腹部迅速膨大、肷窝凸起，左侧更明显，可高至髋关节或背中线，反刍和嗳气停止，触诊凸出部紧张有弹性，叩诊呈鼓音，听诊瘤胃蠕动音减弱。高度呼吸困难，心跳加快，可视黏膜呈蓝紫色。后期病牛张口呼吸，站立不稳或卧地不起，如不及时救治，很快因窒息或心脏麻痹而死。

慢性瘤胃臌胀：病牛的左腹部反复膨大，症状时好时坏，消瘦、衰弱。瘤胃蠕动和反刍功能减退，往往持续数周乃至数月。

③诊断　依据临床症状和病因分析可以及时做出诊断。

④治疗　对于急性病例可用下列方法：首先是对腹围显著膨大危及生命的病牛立即进行瘤胃穿刺放气，投入防腐制酵剂。民间偏方：牛吃豆类喝水后出现瘤胃臌气时，可将牛头放低，用树棍刺激口腔咽喉部位，使牛产生呃逆呕吐动作，排出气体，达到消胀的目的。缓泻止酵：成年牛用液状石蜡或熟豆油1 500～2 000毫升，加入松节油50毫升，一次胃管投服或灌服。1日1次，连用2次。对于因采食碳水化合物过多引起的急性酸性瘤胃臌胀，可用氧化镁

100克，常水适量，一次灌服。

对于慢性瘤胃臌胀，可用下列方法治疗：缓泻止酵：液状石蜡或熟豆油1 000～2 000毫升，灌服，1日1次，连用2日。熟豆油1 000～2 000毫升，硫酸钠300克（妊娠母牛忌用，妊娠母牛可单用熟豆油加量灌服），用热水把硫酸钠溶化后，一起灌服。1日1次，连用2日。民间偏方：可用涂有松馏油或大酱的木棒衔于口中，木棒两端用细绳系于牛头后方，使牛不断咀嚼，促进嗳气，达到消气止胀的目的。止酵处方：稀盐酸20毫升，酒精50毫升，煤酚皂溶液10毫升混合后，用水50～100倍稀释，胃管灌服，1日1次。抗菌消炎：静脉注射金霉素5～10毫克/千克体重·日，用等渗糖注射液溶解，连用3～5日。中兽医止气消胀，增强瘤胃功能：党参50克，茯苓、白术各40克，陈皮、青皮、神曲、山楂、麦芽、川厚朴各30克，半夏、莱菔子、甘草各20克，开水冲服，1日1次，连用3剂。

⑤**预防**　预饲干草：在夜间或临放牧前，预先饲喂含纤维素多的干草（苏丹草、燕麦干草、稻草、干玉米秸等）。割草饲喂：对于发生膨胀危险的牧草，应刈割晾晒后再喂。在放牧时，应该避开幼嫩豆科牧草和雨后放牧的危险时机。防止采食过多易发酵的饲料。

（2）瘤胃酸中毒　瘤胃酸中毒大多是因采食过多的富含碳水化合物饲料（如小麦、玉米、高粱及多糖类的甜菜等）导致瘤胃内容物异常发酵而产生大量乳酸，从而引起牛中毒的一种消化不良性疾病。

①**病因**　一般有以下几种原因：饲喂大量的碳水化合物，饲料粉碎过细，淀粉充分暴露；突然加喂精饲料；精粗比例失调，饲料浓度过高。易发酵饲料比例高，使瘤胃的乳酸过多，pH值下降，引起酸中毒。

②**症状**　根据瘤胃内容物酸度升高的程度，其临床表现有一般病例和重症病例。

一般病例：在牛吃食后 12～24 小时内发病，表现食欲废绝，产奶量下降，常常侧卧，呻吟，磨牙和肌肉震颤等，有时出汗，跌倒，还可见到后肢踢腹等疝痛症状。病牛排泄黄绿色的泡沫样水便，也有血便的，有时则发生便秘。尿量减少，脉搏增加（每分钟 90～100 次，或更高），巩膜充血，结膜呈弥漫性淡红色，呼吸困难，呈现酸中毒状态。体温一般为 38.5℃～39.5℃，步态蹒跚，有时可能并发蹄叶炎。

严重病例：迅速呈现上述状态后，很快陷入昏迷状态。病牛此时出现类似生产瘫痪的姿势。心跳次数可增加到每分钟 100～140 次，第一心音和第二心音区分不清。体温没有明显变化，末期陷入虚脱状态。最急性病例常于过食后 12 小时死亡。

③诊断　根据饲料的饲喂及其采食特点、临床症状等初步诊断，确诊需结合病理变化及实验室检查。

病理变化：剖检可见消化道有不同程度的充血、出血和水肿。胃内容物不多或空虚。瘤胃黏膜易脱落，气管、支气管内有多量泡沫状液体，肺充血、水肿。心肌松弛变性，心内、外膜及心肌出血。

实验室检查：瘤胃液检查：颜色呈乳灰色至乳绿色为本病的特征；pH 值低于 4 以下；葡萄糖发酵试验及亚硝酸试验，都受到严重抑制；显微镜检查，微生物群落多已全部死亡。

血液检查：以乳酸及血糖含量升高（发病后第 2～3 天最高）和碱储减少为特征。

尿液检查：pH 值呈酸性，酮体反应呈阳性。

④治疗　可用下列方法进行治疗。

为排除瘤胃内酸性产物，可用粗胃管洗胃。首先虹吸吸出胃内稀薄内容物，以后用 1％碳酸氢钠溶液，或 1％盐水反复冲洗，直到洗出液无酸臭，且呈中性或碱性反应为止。严重病例，则切开瘤胃，排出大量内容物，再用 1％碳酸氢钠溶液冲洗，然后用少量的柔软饲草填入瘤胃内，为原量的 1/3～1/2。灌服健康牛瘤胃液 3～5 升，连灌 3 天。轻型病例，特别是群发时，可服用抗酸药或缓冲液，如氧化镁 50～100 克，或碳酸氢钠 30～60 克，加水 4～8升，胃管投服。

补充体液，缓解酸中毒，可一次静脉注射 5% 糖盐水，复方氯化钠注射液 2 000～4 000 毫升，5% 碳酸氢钠注射液 250～500 毫升，1 日 2 次。为增强机体对血中乳酸的耐受力，可肌内注射维生素 B_1 注射液 100～500 毫克／次，24 小时后可重复注射。

⑤**预防**　不能突然大量饲喂富含碳水化合物的饲料，要多喂青草、干草等，合理搭配饲料，尽量多采食粗饲料。防止牛偷食精饲料，在加喂大量精饲料时，补喂碱类缓冲剂，如碳酸氢钠等，按精饲料的 1.5% 加喂。

（3）**犊牛下痢**　犊牛下痢又叫犊牛腹泻，是新生犊牛的多发病和常发病，也是对犊牛危害最大的疾病。

①**病因**　有两类因素导致本病的发生，一类是病原性的，另一类是非病原性的。

病原性的有：细菌性的，包括大肠杆菌、弯曲杆菌、沙门氏杆菌、荚膜梭菌；病毒性的，包括轮状病毒、冠状病毒、星形病毒等；寄生虫性的，包括隐孢子虫、球虫等。

非病原性的：应激性的，气候、噪声等；饲养管理方面的，饲喂方式、哺乳量、哺乳温度等。

②**症状**　由大肠杆菌引起的症状是下痢，发病初期排出的粪便是先干后稀，之后，是淡黄色粥样恶臭粪便，继之淡灰白色水样，有时带有泡沫，随后每隔十几分钟或几分钟就排 1 次水样便，有腥臭味。中期肛门失禁，有疼痛，体温升高，可达 40℃ 以上。后期体温下降，低于常温，出现昏睡；同时，结膜潮红或暗红，精神沉郁，食欲下降，甚至废绝，呼吸加快，消瘦，眼窝凹陷，皮肤干燥，不及时抢救，有可能死亡。

病毒引起的腹泻往往发病突然，大面积扩散流行，排出灰褐色水样便，混有血液黏液，精神极度沉郁，厌食。

寄生虫引起的腹泻，表现为厌食，进行性消瘦，病程长，断断续续的水样便，便中有血、黏液。

由饲养管理方面造成的腹泻，表现较轻，排出淡黄色的或灰黄色的黏液便，有的排出水样便，但无臭味。肛门周围带有粪便，无全身症状，严重病例可有体温升高、脉搏和呼吸加快，精神不振，食欲下降。

③**诊断**　除从临床症状上诊断外，发病时间也可提供参考，大肠杆菌引起的下痢多发生于 1～3 日龄；病毒引起的多发生在冬季；冠状病毒主要引起 3 月龄的犊牛发病；寄生虫隐性孢子虫发生在 8～17 日龄的犊牛。沙门氏菌引起的有发热现象，死亡率也很高；荚膜梭菌引起的易发生肠出血性毒血症，并且迅速死亡。

④**治疗**　症状较轻者一般只需禁食即可，中度和重度下痢可采用下列方法：磺胺脒 0.1～0.3 克 / 千克体重，和奶拌起喂即可，每日 2 次；胃蛋白酶 3 克，稀盐酸 2 毫升，龙胆酊 5 毫升，温开水 100 毫升，一次灌服，每日 2 次；生理盐水 1 000～1 500 毫升，静脉注射，每日 1～2 次；硫酸庆大霉素 2～4 毫克 / 千克体重，每日 2～3 次，肌内注射；盐酸四环素 0.5～0.7 克，5% 葡萄糖注射液 500 毫升，静脉注射；中药乌梅散：乌梅 20 克，姜黄、黄连、猪苓各 10 克，共研末，每次取 15～20 克，开水冲服。

⑤**预防**　加强饲养管理，及时哺食初乳，要在犊牛一出生就给初乳，这样可以使犊牛得到更多的免疫蛋白；牛舍要通风，干净；及时接种疫苗。

17. 如何防治牛的食物中毒？

（1）亚硝酸盐中毒
牛采食了含亚硝酸盐的饲草及青菜类饲料，引起的一种饲料类中毒。许多青菜中含有硝酸盐，如发生腐烂或发热，就会变成亚硝酸盐；也有牛采食含硝酸盐的饲草料后，在瘤胃的作用下，转化成亚硝酸盐而引起中毒的报道。

①**病因**　硝酸盐一般不会引起中毒，但在瘤胃内经过细菌的

还原作用，可变成亚硝酸盐，亚硝酸盐在血液中能与血红蛋白相结合，生成高铁血红蛋白，使血红蛋白不与氧结合，而丧失了运输氧的功能，导致组织缺氧，血液呈褐色。高铁血红蛋白除了本身不能运输氧到组织以外，还能使正常的血红蛋白在组织中不易与氧分离，在肺部氧气不足，加重了缺氧状态，致使呼吸中枢麻痹，窒息而死。

②**症状**　牛采食了大量含亚硝酸盐的饲草料后，十几分钟至半小时就发病，而摄入过量的硝酸盐的食物和饮水后，大约 5 个小时后才发病。毒物主要刺激胃肠，导致炎症；破坏血红蛋白运输氧的功能，使组织极度缺氧。表现为突然全身痉挛、结膜发绀、乳房发紫、口吐白沫、呼吸困难、脉搏加快、体温正常或下降。重症者因极度缺氧而来不及救治很快倒地死亡。轻症可以得到治疗或自愈。

③**诊断**　根据采食饲草料的情况，结合临床症状，血液检查为暗紫不凝固呈酱油色，用特效解毒药美蓝可治疗，可以确诊。通过实验室检验亚硝酸盐：取胃内容物或残余饲料的液汁 1 滴，滴在滤纸上，加 10% 联苯胺液 1～2 滴，再加醋酸 1～2 滴，若滤纸变为棕色，即可确诊。

④**治疗**　应用特效解毒剂美蓝或甲苯胺蓝，同时应用维生素 C 和高渗葡萄糖。1% 的美蓝液（美蓝 1 克，纯酒精 10 毫升，生理盐水 90 毫升），每千克体重 0.1～0.2 毫升，静脉注射；5% 甲苯胺液，每千克体重 0.1～0.2 毫升，静脉注射或肌内注射；5% 维生素 C 注射液 60～100 毫升，静脉注射；50% 葡萄糖注射液 300～500 毫升，静脉注射。还可以向瘤胃内投入抗生素和大量饮水，阻止细菌对硝酸盐的还原作用。

同时，还必须采取其他措施对症治疗，应用泻剂清理胃肠内容物，并补充氧、强心及解除呼吸困难。也可冲调绿豆汤 500～750 克、干草末 100 克，灌服。

⑤**预防**　加强对青刈饲料的管理，不可使其腐烂和发热。要对饮水进行监测，尤其是靠近池塘、厕舍、肥料棚的水源。对于大量

施用硝铵类肥料的作物，要特别注意，测定其硝酸盐的含量。要合理调配饲料，使碳水化合物的含量占到一定的比例。

（2）**有机磷中毒**　有机磷是农业生产中常用的高效杀虫剂之一，也是引起动物中毒常见的农药。

①**病因**　当牛采食、误食或偷食了喷洒过有机磷农药的农作物、牧草，误食了拌过或浸过农药的种子等，均可发生中毒。

②**症状**　患牛误食、误饮或接触含有机磷的物质后，很快表现出一系列中毒症状，主要是典型的神经症状。初期病牛兴奋不安、狂躁、转圈撞墙、肌肉颤抖、磨牙呻吟等。中后期病牛出现精神高度沉郁、流涎吐沫、呼吸困难、瞳孔缩小、脉搏速率加快，出现不同程度的腹泻，粪便中带有黏膜和血液。

③**诊断**　根据病牛症状和采食轨迹调查，可以确诊。

④**治疗**　发现中毒时，立即使用特效解毒药，最常用的是解磷定、解氟磷、双解磷等。以解磷定为例，按照每千克体重15～30毫克的剂量，用生理盐水或5%葡萄糖配成2.5%～5%注射液，缓慢静脉滴注，间隔4小时重复1次，直到症状明显缓解。如果使用双解磷救治，用量应为解磷定的一半。在使用上述药物治疗的同时，肌内注射阿托品，剂量：0.25毫克/千克体重，间隔1.5～2小时1次。同时根据具体症状采取相应措施，诸如催吐导胃、保护黏膜、强心利尿、补充体液、解痉镇静等。牛的有机磷中毒，一般预后不良，死亡概率较高。

⑤**预防**　加强有机磷农药的保管和使用，严防动物采食喷洒过有机磷的牧草或作物，不滥用有机磷农药杀灭动物体表寄生虫。

（3）**尿素中毒**　牛的瘤胃微生物具有利用尿素合成蛋白质的能力，因此生产上常常应用尿素替代蛋白质饲料以节约蛋白质。但是，在配合日粮时加入过多或搅拌不均匀，都可能造成中毒。

①**病因**　当饲喂尿素、双缩尿和双铵磷酸盐量过多时或方法不当时，能产生大量的氨，而瘤胃微生物不能在短时间内利用，大量的氨进入血液、肝脏等组织器官，致使血氨增高而侵害神经系统造

成中毒。

②**症状**　尿素中毒时间很短就出现症状，反刍减少或停止，瘤胃迟缓，唾液分泌过多，表现不安，肌肉震颤，呼吸困难，脉搏增快（100次/分），体温升高，全身出现痉挛，倒地，流涎，瞳孔放大，窒息死亡。病程一般为1.5～3小时，病程延长者，后肢不全麻痹，四肢僵硬，卧倒不起，发生褥疮。

③**诊断**　进行实验室检验，血氨含量达到1～8毫克/100毫升，正常时为0.2～0.6毫克/100毫升。瘤胃液氨含量高达80～200毫克/100毫升，可引起中毒。

④**治疗**　治疗的原理是灌服大量弱酸性溶液来抑制瘤胃中酶的活性、中和分解产物。

病初可用2%～3%醋酸溶液2 000毫升，加白糖500克，常水2 000毫升，一次灌服；为降低血氨浓度，改善中枢神经系统功能，可用谷氨酸钠注射液200～300毫升（68～86克），用等渗糖注射液3 000毫升或10%葡萄糖注射液2 000毫升稀释后，静脉滴注，1日1次，有高钾血症时不可用钾盐；瘤胃臌气严重时，可穿刺放气；可用苯巴比妥抑制痉挛，10毫克/千克体重，出现呼吸中枢抑制时，可用安钠咖、尼可刹米等中枢兴奋药解救。

⑤**预防**　不能把尿素溶解于水里进行饲喂；尿素类非蛋白氮饲用添加量要严格控制，其蛋白当量一般不应超过日粮蛋白质总量的30%；饲喂尿素时必须供给充足的碳水化合物；不能与大豆混合饲喂，以防脲酶的分解作用，使尿素迅速分解增加；瘤胃功能尚未健全的犊牛禁止饲喂尿素类非蛋白氮饲料。